新手种菜零失败

问答篇

[日] 藤田智 监修

侯玮青 译

机械工业出版社

CHINA MACHINE PRESS

U0505014

本书由一般社团法人家之光协会授权机械工业出版社在中国大陆地区（不包括香港、澳门特别行政区及台湾地区）出版与发行。未经许可之出口，视为违反著作权法，将受法律之制裁。

北京市版权局著作权合同登记　图字：01-2019-5840 号。

编辑协助　丰泉多惠子
设　　计　Nishi 工艺（株式会社）
照片协助　大鹤刚志、大森裕之、片冈正一郎、京谷 宽、坂本浩康、泷冈分健太郎、
　　　　　竹内秀实、中川麻子（中川玛丽子）、松村明宏、家之光摄影部
插　　图　川副美纪
封面插图　山田博之
校　　正　佐藤博子

图书在版编目（CIP）数据

新手种菜零失败. 问答篇 /（日）藤田智监修；侯玮青译. — 北京：机械工业出版社，2022.10
ISBN 978-7-111-71447-7

Ⅰ. ①新…　Ⅱ. ①藤…　②侯…　Ⅲ. ①蔬菜园艺 – 问题解答　Ⅳ. ①S63

中国版本图书馆CIP数据核字（2022）第153196号

机械工业出版社（北京市百万庄大街22号　邮政编码100037）
策划编辑：高　伟　周晓伟　　责任编辑：高　伟　周晓伟
责任校对：薄萌钰　李　婷　　责任印制：张　博
保定市中画美凯印刷有限公司印刷

2022年10月第1版第1次印刷
145mm×210mm·6.25印张·183千字
标准书号：ISBN 978-7-111-71447-7
定价：39.80元

电话服务　　　　　　　　　网络服务
客服电话：010-88361066　　机 工 官 网：www.cmpbook.com
　　　　　010-88379833　　机 工 官 博：weibo.com/cmp1952
　　　　　010-68326294　　金 书 网：www.golden-book.com
封底无防伪标均为盗版　　机工教育服务网：www.cmpedu.com

前　言

在位于日本东京都町田市、由大学管理的农地上，开设了以普通民众为对象的家庭菜园课堂，从 20 多岁的年轻人到 70 多岁还朝气蓬勃的老年人，都在这里学习、耕种着。该课堂从开始到现在已经历 12 年左右的时间，听课的人中有好几位是坚持多年的。这样的老手们，即使我讲的培土、播种、育苗移栽之类的内容完全不听，他们都能出色地胜任，技术操作上也没什么可说的。但是，一提到之后要面对的各种问题和修剪的话题，他们的态度就会发生翻天覆地的变化。无论是什么层次的听课者，对于番茄的摘除腋芽、摘心，大葱、萝卜的培土，以及与各种蔬菜特征相对应的整枝修剪方法等，都会认真地听讲。像黄瓜霜霉病的防治对策等，是一定要讲的；其他蔬菜的病虫害防治、防鸟害，大家也都会详细地询问。当然，为了种好蔬菜，大家还想知道更多的事情。

为这些热心的种菜者们编写的本书，已经历了 10 年的时间。这次再版，增添了许多新型蔬菜及栽培简单的绿叶蔬菜，追肥等栽培过程中的有关内容也进行了更新，是编者 40 年努力种植蔬菜的经验及精华。

希望大家能灵活运用本书，尽情享受自己种菜的快乐。

日本惠泉女学园大学教授　藤田智

目 录

前言

实践篇 A&Q

5

基础篇 A & Q

注：1. 本书中所记载的化学肥料是按 N-P-K=15-15-15 的成分配制的。

2. 实践篇中的栽培月历是以日本关东地区（气候类似我国长江流域地区）的露地栽培为基准。

3. 本书中所记载的日本农药或园艺物质资料等信息截至 2017 年 2 月。

实践篇
A & Q

番茄

[茄科]

! 重点提示

只保留 1 根主枝，主枝叶腋处的侧芽全部摘除，确保第 1 花序正常结果。

基肥

石灰土（含镁、钙）150 克 / 米^2，堆肥 3~4 千克 / 米^2，化肥 100 克 / 米^2，可溶性磷肥 50 克 / 米^2。

追肥

化肥 30 克 / 米^2。追肥从番茄苗移植 1 个月后开始，之后每 2 周追肥 1 次。

浇水

移栽和极端干旱时浇足水分。

连作建议

以隔 3~4 年再种为宜。如果采用嫁接苗，则可以连作。

难易度

栽培速成

1 移栽

将番茄苗移栽到覆盖黑色地膜（为了提高地温）的田地上。竖立支杆，固定、绑缚主枝。

2 整枝

摘除所有叶腋处的侧芽，只保留 1 根主枝。

3 人工授粉

花开时，用手振动花序，促进授粉，或者使用植物激素，也能达到此效果。

4 追肥

在番茄苗移栽 1 个月后开始追肥，每 2 周追肥 1 次。

5 摘心

当主枝生长到与支杆大致一样高时，摘除顶芯。

6 采收

果实着色变红时摘果。

栽培月历

●播种 ○移栽 ▲间苗 + 追肥 ■采收 ◆主要病害
◇主要害虫 △其他

月	1	2	3	4	5	6	7	8	9	10	11	12
栽培措施				○—○								
					▲———————▲							
						■—■						
病虫害					◆———————◆ 病毒病、疫病							
					◇———————◇ 蚜虫							

Q1 购买番茄苗时应注意什么?

A 好的苗有以下特点：①节间（叶与叶之间的茎）紧凑、结实。②叶色浓绿。③没有病虫害侵袭。④第1花序（初始花）开花或现蕾。⑤营养钵内根系卷曲，分布状态良好（从钵底的孔穴内可以看到白色的幼根）。⑥双子叶互生完整。选择好苗是获得好收成的基础。

Q2 不太了解如何修剪株型。

A 一般番茄只有1根主枝。叶腋处生长出的侧芽要全部摘除。刚开始可能难以区分，但只要从主枝的基部开始，用手顺着主枝上移，就可以依次找到叶腋处。摘芽时注意不要摘错，以免把叶片也摘下来。

摘心

侧芽全部摘除

Q3 绑缚主枝时，绳子系在什么位置较合适?

A 对于番茄，必须用绳子绑缚主枝的重要位置，以诱导植株生长并防止倒伏。

系绳时，一定要注意花序的位置。之所以这样说，是因为若在花序的上方或下方系绳子，遇大风等情况时，绳子容易离位，有折断花序而造成果实掉落的危险。为了不影响花序，以在花序上方或下方的叶片间系绳子为最佳。

在这样的位置系绳子

Q4 合适的植株高度是多少？另外，能采收几层果实呢？

A 伸开手臂，以手能达到的高度作为摘心的标准。如果任其生长，株高达2米，便可以依次形成6~7层花序，1棵番茄可以结24~28个果实。这在家庭级别的菜园中是相当丰产的了。

Q5 花落不结果是怎么回事？

A 这是低温期常见的现象。花脱落是因为没有受精造成的。如果以"受精数=结果数"为指标，就必须进行人工授粉。在早晨花开放的时候，用手轻轻振动花序使之受粉。如果这样做还是不太满意，可使用植物生长调节剂——番茄灵

（有效成分：4-氯苯氧乙酸，或称4-CPA）。在整个花序中有2~3朵花开放时，按规定倍数稀释番茄灵，然后给花序喷雾。喷雾操作时每个花序只进行1次，多次喷雾容易形成畸形果实。

Q6 植株长得很高，但不结果。

A 第1花序上结果了吗？如果番茄的第1花序开花时遇到低温，导致受粉失败，那么叶片所制造的养分逆向传输给叶和茎，从而造成茎叶茂盛，发生"徒长"现象。如此反复，会陷入难以结果的恶性循环。所以，确保第1花序结果是至关重要的。或者基肥中所含的氮肥过多，也是应考虑的原因之一。当持续低温令人担忧时，使用番茄灵喷雾较好。在发现第1花序没有结果时，留1个侧芽任其生长，共形成2根主干枝，以分散养分，这也是一种有效的方法。

Q7 果实上，果萼周围出现裂纹，这是病害吗？

A 这不是真正的病害，是生理性障碍的一种。表现在以下方面：果实上，以果蒂为中心呈圆形或放射状凹裂或凸起，这是由于水分管理不善造

成的。在果实充实过程中增加水分，果实内部膨胀，有时会撑破果皮。栽培上注意土壤不要忽干忽湿。避雨栽培也是一种有效的防范措施。

Q8 成熟变红的果实表皮开裂，是什么原因？

A 未成熟的番茄果实，果皮呈绿色且坚硬；当它成熟时，果皮变红、变软。这时如果遇降雨，果实吸收水分而使内部膨胀，便会引起表皮开裂。

这并非病害或虫害，避雨栽培是最理想的栽培模式。

Q9 叶片上有弯曲的白色条纹。

A 这是潜叶蝇类的幼虫侵食叶片后留下的痕迹。幼虫潜食叶肉，形成曲折蜿蜒的虫道，在虫道的最前端潜藏着幼虫及蛹。潜叶蝇不仅为害番茄，还为害茄子、黄瓜、豆类及十字花科蔬菜。

潜叶蝇为害症状

摘除受害叶片或用手捏碎虫体都是有效的防治方法。叶菜类可以罩防虫网，果菜类请考虑有无防治的必要。

Q10 果实的底部（尻部）变黑了。

A 果实的底部变黑是由于土壤中的石灰成分（钙）不足而引起的，也称为脐腐病，是生理性障碍。

因为不是由病原菌引发的"病害"，所以在基肥中充分地加入石灰土，耕匀耙细，是一种有效的防治措施。脐腐病在土壤干燥的情况下容易发生，所以浇水也是一种有效的预防措施。

Q11 什么时候拔除植株?

A 考虑到与秋茬作物的关系,可以在 8 月中下旬拔除植株。另外,最上层的番茄已经采收,或因病虫为害预计不会再有更多收获,这些也可以成为拔除指标。未成熟的青番茄也可以做成好吃的沙拉、酱菜和泡菜。

Q12 秋天种植马铃薯,采收后再种番茄,这样做好不好?

A 马铃薯与番茄都属于茄科植物,由此可以想到,这样种植有引发连作障碍的可能,从而导致产量和质量的下降及病虫害的发生。

防止连作障碍的关键有以下几点:① 轮作。②使用抗性品种。③使用嫁接苗。④配制健康、养分全的土壤。有关连作障碍,请参见第 169 页的 Q2。

栽培速成

1 移栽
将茄子苗移栽到覆盖黑色地膜（为了提高地温）的田地上。

2 整枝、竖立支杆
只保留主枝上第1朵花正下方2个叶腋处的侧芽，侧芽抽生的侧枝连同主枝共形成3根主干，竖立支杆，绑缚枝条生长。

3 追肥
茄子苗移栽2周后开始追肥，之后每2周追肥1次。

4 采收
在每个品种的采收适期进行采收。中长品种以果实长度10~15厘米作为采收指标。

5 秋茄子的采收（再生整枝）
如果想采收秋茄子，要把3根主枝剪去2/3或1/2，让植株休养生息，此操作称为再生整枝，适期是7月末~8月上旬。同时揭去薄膜，追肥并铺草，以增强树势。

⚠ 重点提示
茄子畏寒怕霜，所以在晚霜结束后再移栽茄子苗。

基肥
石灰土（含镁、钙）150克/米²，堆肥3~4千克/米²，化肥100克/米²，可溶性磷肥50克/米²。

追肥
化肥30克/米²。在茄子苗移栽2周后追肥，之后每2周追肥1次。

浇水
因为茄子不耐干旱，所以浇水具有很好的促生长效果。特别是在傍晚洒水，还会起到很好的防虫效果。

连作建议
以隔3~4年再种为宜。如果采用嫁接苗，则可以连作。

难易度

茄子
[茄科]

栽培月历

●播种 ○移栽 ▲间苗+追肥 ■采收 ◆主要病害
◇主要害虫 △其他

月	1	2	3	4	5	6	7	8	9	10	11	12
栽培措施				○—○								
				▲————————————————▲								
						△—△ 再生整枝						
					■————————							
病虫害				◆————————◆ 白粉病								
				◇—————————◇ 蚜虫、叶螨								

Q1 植株所结的第 1 个茄子坚硬不能吃是什么原因?

A 这可能是开花期温度不够的原因吧！茄子是原产于印度的热带性蔬菜，从授粉到果实生长发育，温度为 20~25℃是必要条件。如果第 1 朵花开放时温度较低，易发生"单性结实"，即因低温障碍，花不能受精，但子房膨大形成了果实（没有种子的果实）。单性结实的果实坚硬，称为"石茄子"。

在低温期，喷洒植物生长调节剂——番茄灵，可以取得好的效果。

Q2 茄子花落光了。

A 常言道："茄子的花，千朵中没有一朵是无用的"，但未必如此。如果枝叶过于茂盛，花接受不到阳光照射，不能完成受精而大量脱落的现象也时有发生。考虑到植株的营养生长与生殖生长（产量）的平衡，建议保留 2 根或 3 根主枝，通过整枝来确定株型，让阳光都能照射到花上。

Q3 采收几次后就不结果了。

A 茄子，观花就可知晓植株生长的状况。请仔细观察花中雄蕊和雌蕊的长度。雌蕊长，从花中央直直地伸出，这是植株健壮的证据，并且花开得大，花色呈深紫色。相反，雄蕊长，结果就不好，这也是因肥水不足或病虫为害而导致的生长衰弱的信号。

雄蕊长而长势衰弱的花（左）和雌蕊长而健康的花（右）

Q4 结出像番茄一样的果实。

A 红色果实是嫁接苗的砧木平茄子（红茄子）的果实。为了避免发生连作障碍，常栽植以平茄子为砧木的嫁接苗，若砧木的侧芽长大就会结出果实。所以萌发的侧芽要趁小摘除。平茄子的叶片和接穗茄子的叶片是不同的，很容易区分。有关嫁接苗参见第 174 页的 Q14。

Q5 将果皮坚硬、光泽不好的茄子切开，内部已经结种子了。

A 茄子采收晚了，就会长成所谓的"呆茄子"。中长品种的茄子植株，在开花 20 天左右、茄子长到 10~15 厘米时，就可采收幼嫩果实了。适时采收的茄子，果皮鲜亮且有光泽；切开果实，果肉为白色、没有种子。开花 30 天以上的茄子，果皮暗涩没有光泽，果肉内部有种子，难以烹调。所以还是在采收适期、选择质量好的果实采收吧！放任植株无限制地结果，是导致植株生长势减弱的原因之一。

Q6 果皮上长有茶色的疮痂。

A 这是因强风造成茎、叶与果实摩擦而形成的伤害。凸出的疮痂不再扩大，所以茄子还能食用。

Q7 从果实的花萼部分开始形成纵向的刮痕。

A 这是近年来新发生的南黄蓟马的为害症状。初期症状是沿着叶脉出现小的斑点。发生初期，可喷洒药剂进行防治；如果扩散到果实再防治就太晚了。受害果实削皮后还可以食用。

Q8 为蚜虫而困扰。

A 在高温干燥期发生的蚜虫、叶螨类害虫，吸食叶片的汁液，如果放任不管，会引起叶片变黄，长势变弱。

在原产地印度，强降雨会剧烈地冲刷叶片，所以可以尝试用强力的喷灌来冲洗叶面及叶背（喷灌栽培），以此来消灭害虫。喷灌 1 次能够去除 50% 的害虫，多次操作就可基本消灭了。其他的可以捕杀，也可以使用杀虫剂进行防治，有天然成分制成的农药，防治效果也很好。

青椒（狮头椒、辣椒）

[茄科]

⚠️ 重点提示

果实趁幼嫩时采收，可以降低对植株营养的消耗。

基肥

石灰土（含镁、钙）150克/米²，堆肥3~4千克/米²，化肥100克/米²，可溶性磷肥50克/米²。

追肥

化肥30克/米²。在苗移栽2周后开始追肥，之后每2周追肥1次。

浇水

移栽和干旱时浇足水分。

连作建议

以隔3~4年再种为宜。

难易度

栽培速成

1 移栽

因为其生长发育的适宜温度是25~30℃，所以将青椒苗移栽到覆盖黑色地膜（为提高地温）的田地上。

2 整枝、竖立支杆

只保留主枝上第1朵花正下方的2个叶腋内的侧芽，侧芽抽生的侧枝连同主枝形成3根主干，竖立支杆，绑缚枝条生长。

3 追肥

在青椒苗移栽定植2周后开始追肥，之后每2周追肥1次。

4 采收

开花后15~20天、青椒长到6~7厘米时可以采收。

栽培月历

●播种　○移栽　▲间苗+追肥　■采收　◆主要病害
◇主要害虫　△其他

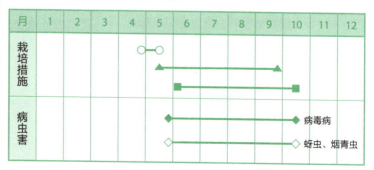

Q1 如何修剪株型呢？

A 青椒的植株很容易整理成3根主干的株型。保留主枝上第1朵花正下方的第1、第2片叶腋内的侧芽，侧芽抽生的侧枝连同主枝形成3根主干，其下方的侧芽全部摘除。

主枝

第1朵花

摘除侧芽

Q2 为什么果实很小，长不大？

A 这要考虑各种各样的原因。首先是光照不足，低温或高温等温度条件的不适。其次，水分不足及结果太多，磷肥缺乏也会发生此现象。当下要做的是疏剪枝叶，确保光照，同时要进行追肥。

Q3 果实辛辣，有没有办法？

A 青椒、辣椒等，大多含有辛辣成分——辣椒素。辣椒素有在狮头椒和辣椒等小型果实中向成熟度高的果实积累的倾向。同样，营养不足、干旱等生长环境不适宜也容易引起辣椒素积累。如果种植场所光照充足，就要注意是否干旱；如果已开始采收，那么每2周追肥1次。果实要趁幼嫩采收，繁茂处及时疏剪枝叶，以改善通风透光环境。

Q4 果实上有洞眼，果实内有虫子。

A 这是烟草夜蛾的幼虫（烟青虫）为害造成的。该虫从夏天到秋天发生，钻

烟草夜蛾的幼虫

入果实的内部啃食种子。如果在果蒂周围发现有小的洞眼，就可以断定果实内部已有幼虫。要将受害的果实立即摘除。

Q5 青椒果实左右不对称，一部分凹陷进去了。

A 这是因为授粉不完全而造成的果实膨大不均匀。将果实横向切开，可以看到种子分布不均匀，凹陷的一侧几乎没有种子。究其原因是极端高温或低温。青椒类是果菜类中最喜欢高温的，生长的适宜温度为25~30℃，如果在15℃以下或35℃以上，果实就会发育不良。当气温回到适宜于栽培的温度区间，症状也会消失。

虽然是畸形果，但不影响食用。

Q6 种植的灯笼椒总不着色是怎么回事？

A 红色、黄色或橙色的灯笼椒，从开花到完全成熟，需要60天以上的时间。而绿色的青椒开花后15~20天便可以采收，采收的是未成熟果实，其完全成熟则需要花费3~4倍的时间。因消耗植株大量营养，所以要定期追肥，以补充养分。果实褪绿之后有时会发黑，这是在呈现品种独特颜色的过程中所发生的正常现象，不用担心。

9月末~10月，果实因气温下降而成熟变缓，有的需要80~90天才能成熟。可以覆盖地膜进行保温，也可以在果实变色前还是绿色时就采收。

Q7 青椒落花了。

A 可能是发生结果疲劳了吧？青椒开花、结果能力很强，只要在生长状态良好的情况下，就能结出一个又一个果实。但是，当肥料、水分、光照等因素不能满足时，结果循环就会崩溃，植株自身就以落花的形式来防止养分的消耗。

防止落花，首先要进行追肥和浇水；其次，要剪去侧枝上多余的侧芽及向植株内侧伸展的侧枝，以改善植株的通风透光状况。

Q8 遇台风，青椒植株枝干折断了。

A 青椒类的植株，枝干细而易折，所以要在修剪株型和竖立支杆上下功夫。株型修剪成1根主枝加2根侧枝的3根主干型，再在3根主干上继续分枝。对主枝要进行支杆绑缚，诱导植株按栽培要求生长。将支杆插入土壤约30厘米以上以支撑植株。

台风到来之前，要确定绳子是否绑紧，同时采收部分幼果，以减轻植株的负担。

Q9 辣椒什么时候采收好呢？

A 辣椒有几个采收期。
初夏时节采收的是未成熟的绿色辣椒，有清爽的辣味，将其切丝可拌入沙拉或用来炒菜，也可作为调味料"柚子胡椒"的原料。

8月之后，果实逐渐成熟变红，这就是红辣椒。一棵植株的果实成熟期是有差异的，可以变红一个摘一个，也可以是植株上80%的果实都着色了，再连根拔除。采收过晚，果实表面会出现皱纹，这需要特别注意。采收后的果实如果不马上食用，可以放在通风处干燥。

食用辣椒叶也有乐趣，目前已有趋于叶用的辣椒品种。采收普通辣椒的叶片来食用也是可以的，可摘取10~15厘米的嫩茎叶。但是，摘取叶片会对植株持续结果产生影响，所以要在果实采收的高峰期过后再摘取叶片。叶片虽不如果实辛辣刺激，但用来炒菜是很好吃的。

Q10 青椒、灯笼椒、狮头椒、辣椒有什么区别？

A 在植物学上它们都属于同一种类，但在蔬菜中会根据有没有辣味、果实的大小等来进行区分，有辣味的辣椒是辣味椒，其他3种是甜味椒。辛辣的成分——辣椒素只有辣味椒中含有，甜味椒中没有。

按果实的大小区分，灯笼椒（彩椒）为大果种，青椒为中果种，狮头椒、辣椒为小果种。顺便说一下，青椒（piment），源于法语中的辣椒（pimento），灯笼椒（paprika）在匈牙利语中指的就是辣椒，所以二者也可以指代所有的辣椒品种。

黄瓜

[葫芦科]

⚠ 重点提示

开花后经过 7 天就可以采收，注意不要采收晚了。

基肥

石灰土(含镁、钙)150 克/米²，堆肥 2~4 千克/米²，化肥 100 克/米²，可溶性磷肥 50 克/米²。

追肥

化肥 30 克/米²。黄瓜苗移栽 2 周后开始追肥，之后每 2 周追肥 1 次。

浇水

黄瓜属浅根性的蔬菜，浇水效果明显。特别在干旱时要浇足水分。

连作建议

以隔 2~3 年再种为宜，如果采用嫁接苗，便可以连作。

难易度 易 中 难

栽培速成

1 移栽

将种植地块铺好地膜，当地温充分上升，达到移栽要求时再进行定植。竖立支杆，绑缚主蔓。

2 整枝

从近地面处向上数，摘除第 5 节叶片的侧芽。

3 追肥

从黄瓜苗移栽 2 周后开始追肥，之后每 2 周追肥 1 次。

4 采收

黄瓜长到 18~20 厘米时就可以采收了。

5 摘心

主蔓高过支杆时进行摘心。

栽培月历

●播种 ○移栽 ▲间苗 + 追肥 ■采收 ◆主要病害
◇主要害虫 △其他

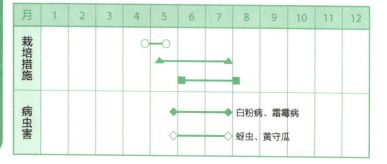

月	1	2	3	4	5	6	7	8	9	10	11	12
栽培措施				○—○			▲					
					▲——————————▲							
					■——————————■							
病虫害					◆————————◆ 白粉病、霜霉病							
				◇—————————◇ 蚜虫、黄守瓜								

Q1 选用的是价格高的黄瓜苗，结果不仅结出了黄瓜，还结出了南瓜，这是怎么回事？

A 价格差异源于黄瓜苗是自根苗还是嫁接苗？嫁接苗是以葫芦科蔬菜中抗蔓枯病强的南瓜苗为砧木而培育的苗。在嫁接部位以下、作为砧木的南瓜茎上有枝叶长出，也能结出南瓜。

从砧木上长出的侧芽要仔细摘除，以促进黄瓜的生长。有关嫁接苗的内容请参见第 174 页的 Q14。

Q2 放任枝蔓生长好不好？

A 新蔓伸展，高过支杆时摘心。

从近地面处向上数，大约第 5 节叶片处的侧芽全部摘除，这既有利于通风透光，又有利于预防病虫害；其他侧芽长成的枝蔓，只保留 1~2 个节，摘心。以上是基本的整枝方法。

Q3 黄瓜有卷须缠在支杆上，还要不要引蔓捆绑？

A 黄瓜与其他葫芦科蔬菜一样，都属于茎上会长出卷须的类型，向支杆上引蔓捆绑是必须的，不需要诱缚的是像芸豆那种以自生蔓缠绕支杆的类型。黄瓜生长速度很快，要每周定期引蔓1次，一方面可以观察枝蔓的行走方向，防止与其他植株的枝蔓相互缠绕；另一方面可以及早发现病虫害。

Q4 植株小而结的果实大，这没关系吧？

A 最初结出的果实（第 1 个果实）要尽早摘除，这是防止植株早期疲乏的栽培诀窍。黄瓜的果实在开花后 1 周内就可以长到 18~20 厘米，通常在植株长到 70~80 厘米高时，第 1 个果实也长成了。如果植株长得不高而结果很大，这对植株来说是一种伤害，就要在第 1、第 2 个黄瓜长到直径 2 厘米时采收，以后再结的果实，便可以按正常的大小采收。

Q5 叶片表面附着白色粉状物质。

A 这是白粉病，叶片表面有白色粉状物质是发病的初期症状，由真菌引起。病状进一步发展会引起叶片枯萎，进而导致产量下降。白粉病在气温上升时容易发生，同样为害南瓜、甜瓜等葫芦科蔬菜。最有效的防治方法是在病害发生的初期喷洒农药，请尝试使用安全、有效的农药。

发生白粉病的叶片

Q6 叶片上有褐色、圆形的花斑。

A 这是黄守瓜为害的症状。黄守瓜主要啃食叶片，留下圆形孔洞，可为害黄瓜等葫芦科植物。成虫是体长 7~8 毫米的橘黄色甲虫，一经发现，应立即捕杀。

Q7 靠近地面的茎变成褐色，上面有纵向裂痕，进一步发展造成植株枯萎死亡。

A 这是黄瓜茎枯病的症状，由真菌类病原菌引起。葫芦科蔬菜连作时易发生该病。有计划地进行轮作或利用价格高、抗茎枯病的嫁接苗，是预防该病的有效措施。

Q8 3 月在无加温措施下培育的苗，4 月开花后就停止生长了，这是怎么回事？

A 如果在低于 10℃的条件下培育黄瓜，就会出现开花后生长发育停止的现象。因为在寒冷条件下不能健康生长，所以要迅速开花、快速结果，这是黄瓜自身的应激反应，称为"小老苗"，这种现象在低温育苗中经常发生，也经常被忽视。因此，要确保育苗的最低温度为 12~15℃。关于育苗，请参见第 172 页的 Q10。

栽培速成

1 移栽
南瓜枝蔓生长扩展的范围很广，可按行距（垄宽）90~100 厘米、株距 200~250 厘米的密度移栽。覆盖地膜比较好。

2 整枝、竖立支杆
修剪后，主蔓与 2 个子蔓形成 3 根分枝的株型。

3 人工授粉
雌花开放后，用雄花的花粉进行人工授粉。

4 追肥
当初始果（第 1 个果实）为拳头大小时第 1 次追肥，之后每 2 周追肥 1 次。

5 采收
开花后 40~45 天采收。

⚠ 重点提示
采收后的南瓜放置一段时间，会变得更甜更好吃。

基肥
石灰土（含镁、钙）150 克/米^2，堆肥 3~4 千克/米^2，化肥 50~60 克/米^2，可溶性磷肥 50 克/米^2。

追肥
化肥 30 克/米^2。第 1 次追肥在初始果（第 1 个果实）为拳头大小时施用，之后每 2 周追肥 1 次。

浇水
移栽时浇足水分。

连作建议
虽不发生连作障碍，但还是以隔 1 年再种为好。

难易度

南瓜

［葫芦科］

栽培月历

●播种 ○移栽 ▲间苗＋追肥 ■采收 ◆主要病害
◇主要害虫 △其他

月	1	2	3	4	5	6	7	8	9	10	11	12
栽培措施					○—○	▲——▲						
							■—■					
病虫害					◆———————◆ 白粉病							
					◇———————————◇ 蚜虫、螨类							

Q1 枝蔓如何修剪？结出优质南瓜的要点是什么？

A 通常情况下，南瓜的培育目标是：修剪成 3~4根枝蔓的株型，每棵结4~8个南瓜。要达到这个指标，人工授粉是有效的保障措施。关于人工授粉的操作方法，请参见第39页的Q3。

Q2 茎蔓长得很好，但不结果，这是什么原因？

A 这就是所谓的"茎蔓徒长"现象。基肥中如果氮素过多，就会出现茎蔓生长过旺的现象。"茎蔓徒长"还是造成果实脱落的原因。预

形成 3~4 根枝蔓的株型，其他的侧芽全部摘除

防措施为：基肥用量减为平常的一半，追肥在果实长到拳头大小之后再进行，在这之前禁止施肥。

Q3 什么时候采收才好？如何保存？

A 如果是西洋南瓜，开花后 40~50 天就可以采收了。果梗（果实与茎的连接部分，即所谓的花萼部分）呈软木状开裂时就是采收适期。另外，也可以用指甲抠果皮，若果皮达到不受伤的坚硬程度，这也是采收的标准。采收后不要马上食用，在通风背阴的地方存放 3~4 周，让淀粉转化成糖，这样会更甜更好吃。

Q4 在果蔬店里买的南瓜觉得很好吃，留取种子再种可以吗？

A 现在，南瓜的主要品种以 F1 代（杂交一代）品种占绝大多数。播种它的种子，结出与亲本相同的南瓜的概率只有 1/4，所以未必能获得与亲本一样的南瓜。如果想种这一品种，可向果蔬店咨询该品种名称，再购买种子比较好（也有的商家会将品种名称和生产者的信息提供给你）。关于 F1 代品种，请参见第 169 页的 Q1。

Q5 种的西葫芦，叶片大得令人吃惊，是怎么回事？

A 西葫芦是美洲南瓜的一种，别名为无蔓南瓜。叶片大而不爬蔓，若种在狭小的地方，长大后就不好办了，需要最小为 1 米^{2}的空间。

Q6 西葫芦需要人工授粉吗？

A 在多雨季节或叶片生长过旺时，会出现不能结果的现象，因为是雌雄异花，采用人工授粉可以提高结果率。温度升高，昆虫也能帮助传播花粉。有关人工授粉，请参见第 39 页的 Q3。

Q7 请教素面南瓜的株型培育方法。

A 素面南瓜也是美洲南瓜的一种，别名为金丝南瓜。煮食，果肉细腻绵软，宛如素面，因此而得名。植株的生长势很强，在处理茎蔓时不要有顾虑。一般来说，素面南瓜的培育目标是：采取 3 根枝蔓的株型，每棵保留 6~8 个果实。另外，也有摘除所有的侧芽只保留主蔓的，这一般是在狭长地块上种植时选择的株型，这种情况下每棵只保留 4 个果实。

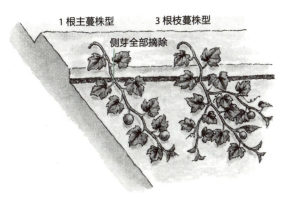

素面南瓜的株型

西瓜

[葫芦科]

⚠ 重点提示

进行人工授粉，掌握采收日期。

基肥

石灰土（含镁、钙）150 克/米², 堆肥 3~4 千克/米², 化肥 100 克/米²，可溶性磷肥 50 克/米²。

追肥

化肥 30 克/米²。在初始果（第 1 个果实）坐果后进行第 1 次 追肥，之后每 2 周追肥 1 次。

浇水

移栽及干旱时浇足水分。浇水 的作用很大。

连作建议

以隔 2~3 年再种为好。

难易度

栽培速成

1 移栽

西瓜喜好高温，从移栽到缓苗扎 根，要覆盖地膜，以促进生长发育。

2 整枝

当主蔓上长有 5~6 片真叶时，进 行摘心，形成有 3~4 根枝蔓的株型。

3 人工授粉

花开放后，就要进行人工授粉。 要记录好授粉日期，据此推算采 收日期。

4 追肥、铺垫稻草

坐果后进行第 1 次追肥，并铺垫稻 草，之后每 2 周追肥 1 次并培土。

5 疏果

1 棵植株上结 2~4 个西瓜，以此为 目标，其他的幼果摘去。

6 采收

从授粉之日算起，经 35~40 天就 可以采收了。

栽培月历

●播种 ○移栽 ▲间苗＋追肥 ■采收 ◆主要病害
◇主要害虫 △其他

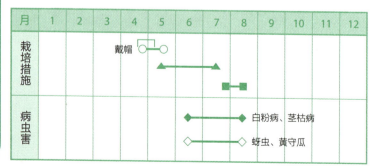

Q1 想种植西瓜，在品种选择上应注意哪些？

A 西瓜的品种，有按果实大小区分的大瓜品种（5~8千克）、小瓜品种（1.5~3千克），也有按含糖量、口感、采收期来区分的各种各样的品种。对于初次种植西瓜的人来说，建议种植小瓜品种。因为与大瓜品种相比，小瓜品种相对容易种植，且果实不大可一次吃完，所以常常被推荐种植。

Q2 1 棵植株上结几个西瓜好呢？

A 西瓜、甜瓜与黄瓜、苦瓜有所不同，后者是在果实未成熟的状态下可随时采收的，而前者只有果实完全成熟时才最甜、最好吃，所以必须控制结果的个数。一般来说，大瓜品种 1 棵结 2 个瓜，小瓜品种 1 棵结 4 个瓜是比较好的，这样植株的营养供给较为平衡，其他的在长到鸡蛋大小之前应全部摘除。

Q3 请教一下人工授粉的简易方法。

A 人工授粉，要在明确了坐果位置和授粉日期的前提下有目的地进行。在雌花开放之日的早晨 9：00 前，摘取雄花，去除花瓣，用雄蕊的先端去蹭雌蕊的先端（柱头），使之受粉。人工授粉的要点是：在受粉能力强的早晨进行。挂上记有授粉日期的标签。

Q4 再过 1 周就该采收了，茎蔓突然急速地枯萎，这是怎么回事？

A 这是西瓜、甜瓜经常发生的"急速枯萎"现象。在甘甜果实的生长发育中，结果的数量与植株的总叶数是有关系的。当结果数量与茎叶生长的平衡被打破了，就会导致上述现象的发生。

结果量过多，蔓和叶就必须拼命地进行光合作用，合成的养分积蓄在果实中，这样供给蔓和叶生长的养分就没有了，导致"急速枯萎"。摘除多余的果实，子蔓及孙蔓就能充分地生长，其制造的养分也会尽可能地供给果实。

Q5 果实的底部腐烂了，这是怎么回事？

A 西瓜接触地面的部分变黑腐烂，容易引起病虫害的侵袭。在果实膨大过程中，应在果实下方铺垫稻草或聚丙烯泡沫板，像坐垫似的，防止果实与地面接触。

Q6 有没有必要翻转西瓜？

A 在西瓜膨大过程中，与地面接触的部分会因阳光照射不到而没有着色。所谓的翻转西瓜，就是转动西瓜，让阳光照射不到的部分也能充分着色。要采收像果蔬店里那样的漂亮西瓜，栽培过程中就要翻转西瓜。翻转与否，对西瓜的生长发育及品味没什么影响，所以不翻转也没什么大碍。

Q7 西瓜长得挺大，采收后不甜。采收的标准是什么？

A 要目测西瓜的采收适期是比较困难的，靠敲打声音来判断也不十分准确。

最准确的方法是，在进行人工授粉后，挂上记录着授粉日期的标签。如果是用购买的西瓜种来栽培，种袋上会明确标识从开花到采收的天数，根据此天数来采收就可以了。即使不采取人工授粉，在雌花开放之日给它挂一标签，也总比什么不做强。

另外，也有将累计温度（即每天平均气温的合计值）作为参考来进行判断的。当大瓜品种的累计温度达到1000℃、小瓜品种的达到850~900℃时，西瓜就进入完全成熟状态。

栽培速成

1 移栽
移栽时行距与株距都要宽。

2 整枝
由于雌花长在孙蔓上，所以首先要对主蔓摘心，保留 2~3 根子蔓，对子蔓再摘心，使孙蔓伸展。

3 人工授粉
要记录好授粉日期。

4 追肥、铺垫稻草
初始果（第 1 个果实）达鸡蛋大小时，进行第 1 次追肥并培土，第 2 次追肥视植株的生长情况而定。

5 疏果
当果实长到乒乓球大小时，每根子蔓上保留 2~3 个果实，其他的幼果摘除。

6 浇水
接近采收时控制浇水，以增加果实甜度。

7 采收
从授粉之日算起，经 40~50 天就可以采收了。

! 重点提示
1 棵植株上结 6~9 个瓜，以此为栽培目标来进行细致的剪枝工作。

基肥
石灰土（含镁、钙）150 克 / 米^2，堆肥 3~4 千克 / 米^2，化肥 100 克 / 米^2，可溶性磷肥 50 克 / 米^2。

追肥
化肥 30 克 / 米^2。第 1 次追肥在初始果（第 1 个果实）达鸡蛋大小时进行，之后，视植株的生长情况再追肥 1 次。

浇水
移栽及干旱时浇足水分。

连作建议
以隔 2~3 年再种为好，但利用嫁接苗可以连作。

难易度

※ 本书以王子甜瓜为例。

甜瓜

［葫芦科］

栽培月历
●播种 ○移栽 ▲间苗 + 追肥 ■采收 ◆主要病害
◇主要害虫 △其他

月	1	2	3	4	5	6	7	8	9	10	11	12
栽培措施					○○▲	▲■	■					
病虫害					◆————◆ 茎枯病、霜霉病							
					◇————◇ 黄守瓜、蚜虫							

Q1 **1 棵植株上结几个瓜好呢?**

A 培育3根枝蔓的株型,1根枝蔓上结2~3个瓜,1棵植株上就有6~9个瓜。
与易于栽培的王子甜瓜和普通甜瓜相比,表皮带网状纹的哈密瓜更甜、更好吃,栽培上也更需要花费时间和精力。

请按照制定的结果目标,认真仔细地剪枝和疏果。

Q2 **如何修剪株型比较好呢?**

A 甜瓜的株型修剪比较难,如果做得好就会有自信心。怎么样才好呢?
请按下面的顺序操作:①主蔓(主枝)上长有 5~6 片真片时,对主蔓进行摘心。②子蔓伸展后,保留其中 2~3 根健壮的,其他的剪除。③留下的子蔓上长有 15~20 片叶时进行摘心。④在子蔓的第 5~12 节上长出能结果的孙蔓,孙蔓坐果后,只保留果实前方的 2 片叶,摘心。

因为雌花生长在孙蔓上,所以要遵循上面的操作步骤来进行修剪。

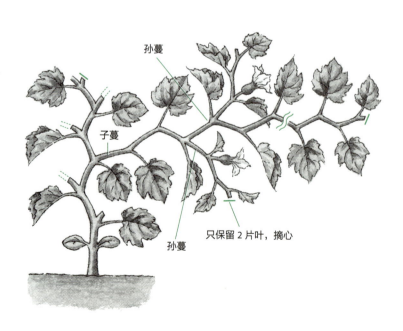

孙蔓

子蔓

只保留 2 片叶,摘心

孙蔓

Q3 采取避雨栽培方式好吗?

A 尽可能地采取避雨栽培,这是期望的栽培方式。淋雨在增加病虫害感染概率的同时,坐果也不稳定。另外,在果实膨大期,为了提高甜度往往控制浇水,而避雨栽培可以很容易地实现这一点。打开或关闭塑料拱棚或大棚两侧的薄膜,便可以通风或防雨,让植株正常生长。

Q4 请问什么时候疏果合适?

A 果实长到乒乓球大小的时候。一般在开花后的 7~10 天,果实就能长到如此大小。将形态不好、发育不良的果实摘去。

Q5 王子甜瓜上有裂纹是怎么回事?

A 这是采收晚了造成的。好不容易培育到这种程度,真是太可惜了!
王子甜瓜成熟的标志是:果梗(果实与茎的交界,即所谓的蒂部)上的毛开始脱落,表皮由绿色变成灰白色,果实的表面散发出甜瓜特有的香味,这就代表果实成熟可以采收了。如果果皮变成黄色,就说明熟过了。

也可以根据开花(人工授粉)日期来推算采收适期。王子甜瓜开花后 40~50 天、普通甜瓜开花后 35~40 天就是采收适期。

裂开的甜瓜。可根据果皮颜色、香味及授粉日期来判断采收适期

苦瓜

[葫芦科]

⚠ 重点提示

因植株枝叶生长繁茂，所以要适当地疏枝剪叶，来改善通风透光性。

基肥

石灰土（含镁、钙）150克/米²，堆肥3~4千克/米²，化肥100克/米²，可溶性磷肥50克/米²。

追肥

化肥30克/米²。移栽2周后第1次追肥，之后每2周追肥1次。

浇水

不必担心。

连作建议

以隔2~3年再种为好。

难易度

栽培速成

1 播种

挖穴点播，每个穴插3粒种子，覆盖地膜。也可以采用营养钵育苗。

2 间苗

当瓜苗长出2~3片真叶时进行间苗，保留1棵。

3 竖立支杆

枝蔓生长，要立杆绑蔓，以诱导其生长。

4 追肥、铺垫稻草

第1次追肥在移栽2周后进行，之后每2周追肥1次。

5 整枝

苦瓜的腋芽生长能力很强，很快就会蔽日成荫。到了生长势减弱的孙蔓时，只保留1~2节，摘心。

6 采收

依品种而定，果实长到适当大小时进行采收。

栽培月历

●播种 ○移栽 ▲间苗＋追肥 ■采收 ◆主要病害
◇主要害虫 △其他

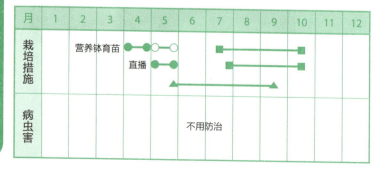

月	1	2	3	4	5	6	7	8	9	10	11	12
栽培措施		营养钵育苗 ●—●—○—○					■———————————■					
			直播 ●—●—○				■———————————■					
				▲—————————————▲								
病虫害					不用防治							

Q1 为什么 4 月中旬直播的种子发芽不是太好?

A 苦瓜种子萌发的适宜温度是 25~30℃,所以在 4 月中旬采用营养钵来育苗是明智的选择。营养钵育苗易于掌控温度,也容易搬移到温暖的地方,因此是果菜类育苗的首选方式。采用直播方式时,在 5 月之后进行比较好。

另外,种子浸泡一昼夜再播种容易发芽。与其他的葫芦科蔬菜相比较,苦瓜种子的发芽时间较长,需要 10 天左右。有关果菜类的育苗,请参见第 172 页的 Q10。

Q2 花开了,但果实长不大。

A 回答这个问题要看植株生长处在什么时期。苦瓜长出雌花是在夏至之后,这之前只有雄花,因而不结实。所以夏至之前,要尽可能地培育强壮植株,为雌花高峰期的到来做好准备,这是栽培管理上的对策。此外,夏至之后,也有授粉不良的可能,因此,进行人工授粉是较好的措施。关于人工授粉,请参见第 39 页的 Q3。

Q3 果实变成橙色就不能吃了吗?

A 成熟的苦瓜变成橙色,果实容易开裂,作为蔬菜来食用就不合适了,一般用于采种。

但是,种子周围的红色胶状物微带甜味,在东南亚的部分地区,会把它用在点心上。

Q4 苦瓜可以用花盆种植吗?

A 种在深的花盆中,还是比较容易栽培的。由于苦瓜喜好阳光,枝叶生长茂盛,把它种在阳台上或屋檐下,可以起到遮阴作用。立杆架网,让枝蔓自由地生长吧。

其他葫芦科蔬菜

[葫芦科]

⚠ 重点提示

真叶 7~8 片时进行摘心，促使子蔓生长。

基肥

石灰土（含镁、钙）100~150 克/米²，堆肥 2 千克/米²，化肥 100 克/米²，可溶性磷肥 50 克/米²。

追肥

化肥 30 克/米²。第 1 次追肥在移栽 2 周后进行，之后每 2 周追肥 1 次。

浇水

土壤干旱时浇足水。

连作建议

以隔 2~3 年再种为好。

难易度 佛手瓜

 易 中 难

冬瓜、葫芦、丝瓜

 易 中 难

栽培速成

1 移栽

覆盖黑色地膜，地温升高后再进行移栽。

2 摘心

真叶 7~8 片时，对主蔓进行摘心。

3 追肥、铺垫稻草

移栽 2 周后进行第 1 次追肥，之后每 2 周追肥 1 次。

4 竖立支杆、铺垫稻草

佛手瓜和丝瓜需要竖立支杆或架设园艺用网，以诱导茎蔓生长。葫芦和冬瓜的茎蔓会在地面上伸展，所以要铺垫稻草。

5 人工授粉

雌花开放之日，在早晨 9:00 前采雄花的花粉，给雌花授粉。

6 采收

丝瓜长到 20~30 厘米、佛手瓜长到 10~15 厘米时进行采收；冬瓜在开花后 45 天左右、葫芦在开花后 35 天左右进行采收。

栽培月历

●播种 ○移栽 ▲间苗+追肥 ■采收 ◆主要病害
◇主要害虫 △其他

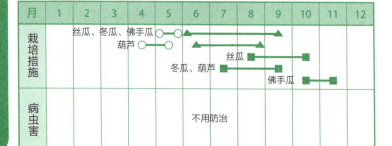

月	1	2	3	4	5	6	7	8	9	10	11	12
栽培措施		丝瓜、冬瓜、佛手瓜 葫芦										
病虫害				不用防治								

Q1 冬瓜的采收标准是什么?

A 果皮上长出了细毛(自生毛),这是采收的第一个标准。一般在开花后的 30 天左右,果实未熟、果肉绵软、味道清爽时采收,但不耐储存,必须尽快食用。

开花后的 45 天左右,果皮的表面布满白色粉状物质(蜡粉),这是果实完全成熟、可以采收的第二个标准。完全成熟的果实放在阴凉的场所可以保存到冬天。

Q2 葫芦的花在傍晚开放,就不用进行人工授粉了吗?

A 因为有傍晚活动的昆虫在帮助授粉,所以自然状态下也能结出很多葫芦。另外,傍晚时分去田野里转一转,顺便人工授粉,也是十分惬意的事情。黄昏时分,若隐若现的白花与葫芦的日文汉字"夕颜"是多么相符啊!

Q3 佛手瓜和丝瓜的花怎么也不开放,这是怎么回事?

A 佛手瓜原产于热带地区,是高温短日照植物,开花时间在 9 月下旬~10 月。所以在开花前培育强壮植株是栽培的目标,因此不要断肥,要定期追肥。

另外,丝瓜的雄花、雌花的开花时期是不同的。雄花在瓜蔓长到 2 米左右的 6 月中旬开始开放;雌花开花期短,在夏至前后开始开放。因为雄花总在接连不断地开放,所以在雌花开放的早晨进行人工授粉比较好。

Q4 用什么方法来采集丝瓜水呢?

A 丝瓜水是天然的化妆水。将茎蔓从距离地面 30~50 厘米的位置截断,再将连接着根的茎插入大塑料瓶中,经过一天一夜,就采集到丝瓜水了。丝瓜水煮沸消毒后就可以使用了。切断了蔓的植株,寿命也就完结了。

用铝箔等封住瓶口

30~50 厘米

瓶子埋在土里以防倒伏

毛豆

[豆科]

! 重点提示

开花期注意防椿象。

基肥

石灰土（含镁、钙）100克/米²，堆肥 2 千克/米²，化肥 50 克/米²。

追肥

化肥 30 克/米²。播种 3 周后进行第 1 次追肥，之后每 2 周追肥 1 次。

浇水

土壤湿度过大，会导致发芽不良，因此注意不要浇水过量。

连作建议

以隔 3~4 年再种为好。

难易度

栽培速成

1 播种

播种的土壤要少用化学肥料，每个穴点播 3 粒种子，为防鸟害要覆盖不织布。

2 间苗

当第1对真叶（初生叶）展开时，去除不织布并进行间苗，保留2棵。

3 追肥

开始开花时进行追肥并培土。

4 采收

当大部分豆荚充实饱满时，就可以采收了。

栽培月历

●播种 ○移栽 ▲间苗＋追肥 ■采收 ◆主要病害
◇主要害虫 △其他

月	1	2	3	4	5	6	7	8	9	10	11	12
栽培措施				●——————●								
					▲————▲	■——————■						
病虫害					◇————————————◇ 蚜虫、椿象							

Q1 刚刚发芽，芽就不见了，这是怎么回事？

A 好像是被鸟吃了。种子发芽时，直接长出的是子叶，子叶柔嫩，是鸽子和乌鸦等喜爱的食物，覆盖不织布或寒冷纱，以防止鸟类的侵害。当子叶后的第 1 对真叶（初生叶）展开后，就不用防鸟了。

Q2 豆荚长得挺大，但不结果。

A 这是豆荚被椿象为害了吧？大豆开花后豆荚还很小的时候，椿象就用口器刺破豆荚从里面的豆子汲取养分，不仅如此，叶片合成的养分也不再向果实中蓄积，相反地向茎、叶回流，造成"茎叶徒长"。因此，开花期防椿象是最重要的，可以覆盖寒冷纱，以阻止其侵入或进行捕杀。

Q3 毛豆的采收标准是什么？

A 毛豆的采收期很短，只有 1 周的时间。用手挤压豆荚，豆荚从中部裂开，豆子弹出，这就说明可以采收了。简单的采收方法是将单株连根拔起，但豆荚是自下而上逐步充实的，所以在家庭菜园中，可以一个一个有选择地摘取豆荚，分次采收。

Q4 种植的大豆可以当作毛豆来食用吗？相反，毛豆也可以当作大豆来采收吗？

A 都可以。在大豆品种中，有的不完全成熟时是很好吃的毛豆，但成为完全成熟的大豆后，它是否好吃就不知道了。同样，完全成熟后好吃的大豆，它作为毛豆时是否好吃，也不清楚。

Q5 黑毛豆不太好种植。

A 黑色豆或褐色豆是中、晚熟品种，不易种植。栽培要点之一是把握播种时期，不能过早或过晚，要严格遵守种袋上写着的播种时期。另外，多肥会造成枝蔓徒长，导致结果不良。最近，已培育出了易于种植的早熟、中早熟品种，请选择喜欢的品种来种植吧。

芸豆

[豆科]

！ 重点提示

在豆子鼓胀还不明显时趁幼嫩采收。

基肥

石灰土（含镁、钙）100克/米²，堆肥2千克/米²，化肥50克/米²。

追肥

化肥30克/米²。第1次追肥在间苗时进行，之后每2周追肥1次。

浇水

土壤干旱时浇足水。

连作建议

以隔2~3年再种为好。

难易度 易 **中** 难

栽培速成

1 播种

每个穴点播3粒种子，为防鸟害，在地面覆盖寒冷纱或不织布。采用直播或营养钵育苗都可以。

2 间苗、追肥

第1对真叶（初生叶）展开时，就不必担心鸟害了。间苗，每穴保留2棵，同时进行追肥、培土。之后每2周追肥1次并培土。

3 竖立支杆

蔓生品种需要竖立支杆。先在重要的位置进行绑缚固定，之后茎蔓就卷杆生长了。

4 采收

开花后10~15天采收。

栽培月历

●播种 ○移栽 ▲间苗＋追肥 ■采收 ◆主要病害
◇主要害虫 △其他

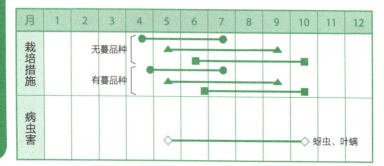

Q1 芸豆分有蔓品种和无蔓品种，如何区分呢？

A 首先，植株高度不同，有蔓的品种（蔓生品种）能长到 2~3 米，必须竖立支杆诱缚其生长；而无蔓的品种（矮生品种）株高 40~50 厘米，不需要竖立支杆。其次，栽培期长短不同，蔓生品种生长期长，可稳定地分批采收；矮生品种生长期短，一般为 60~70 天，可集中一次性采收，植株衰败也快。

总之，蔓生品种适合在宽阔的田地种植，矮生品种适合在狭窄的田地种植。先了解品种特性再去种植吧。

Q2 花落光了，这是怎么回事？

A 如果发生在 7~8 月，那是夏天的暑热和梅雨季节的高温高湿导致的根部受伤，进而导致的生长发育不良。既要排水性好，又要不干旱，请用地膜覆盖。

Q3 请教一下长豇豆的种植方法。

A 长豇豆的豆荚长度有 30 厘米，其栽培方法与蔓生型的芸豆相同。以幼嫩的豆荚为蔬菜的还有扁豆和四棱豆，它们的栽培方法基本相同。

Q4 整个植株都受蚜虫为害，有什么防治对策？

A 对于芸豆来说，最可恶的害虫就是蚜虫和叶螨，会为害整个植株。初期时用手捻碎或喷灌冲洗是有效的措施，受害扩展时必须用药剂喷雾防治。防治蚜虫，使用以还原糖浆为主要成分的"饴糖粉"（由日本阿斯制药株式会社生产）；防治叶螨，使用天然物（椰子油）的有效成分制成的"阿利塞夫"（由日本住友化学园艺公司生产，有效成分是脂肪酸甘油三酯），都是安全有效的，值得推荐！

花生

[豆科]

⚠ 重点提示

为了使子房柄易于插入土壤，土壤必须保持疏松。

基肥

石灰土(含镁、钙)150克/米²，堆肥2千克/米²，化肥50克/米²。

追肥

化肥30克/米²。播种3周后进行第1次追肥，之后每月追肥1~2次。

浇水

在播种、开花、子房柄插入土壤这3个时期，都要浇足水。

连作建议

以隔2~3年再种为好。

难易度

栽培速成

1 播种

每个穴点播3粒种子。为防止干旱和驱避鸟害，可覆盖不织布。采用直播或营养钵育苗都可以。

2 间苗

当真叶2~3片时，去除不织布并进行间苗，保留2棵。

3 追肥

播种3周后第1次追肥，之后每月追肥1~2次，给植株基部好好地培土。特别在子房柄开始插入土壤的时期，培土是十分重要的栽培措施。不同于耕地，培土只是把株间、垄间的表层土聚拢到植株基部。

4 采收

叶片变黄时就可以采收了。采收前不妨挖出1棵来判断是否成熟。

栽培月历

●播种 ○移栽 ▲间苗＋追肥 ■采收 ◆主要病害
◇主要害虫 △其他

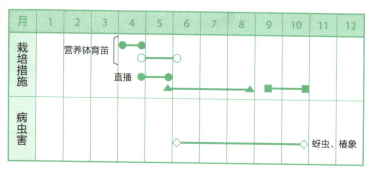

52

Q1 地膜什么时间揭去比较好?

A 花生开花后花瓣脱落，子房基部迅速伸长成为"子房柄"（果针）。子房柄只有插入地下才能结果。如果铺有地膜，子房柄扎入土壤时会受到阻碍，所以在花生开始开花的时候，要揭去地膜。

此时，植株长得比较大了，也不用除草了。建议使用可以降解的塑料薄膜。当然，不用地膜也能成功地栽培花生。

Q2 结果不好，是什么原因?

A 关键点是土壤。只有疏松、软和的土壤，子房柄才能容易插入。在开花初期，松耕植株周围的土壤，并向植株基部培土。培土过迟，有的会减少 20%~30% 的采收量。所以说，培土是花生栽培的一种重要措施。

但是，在子房柄开始扎入土壤之时禁止中耕。因为中耕会切断子房柄，从而影响结果。

子房柄开始插入土中

Q3 请问采收的标准是什么?

A 叶片变黄就差不多可以采收了。有必要拔出 1 棵试一试，当大多数的果荚都已饱满、果荚上的网纹清晰明了时，就可以采收了。

采收过晚，拔出植株时子房柄容易折断，果荚会残留在土壤中。所以一定要适时采收，不要过早，也不要过迟。

未成熟的果荚

豌豆

[豆科]

> **!** **重点提示**
>
> 适时播种，确保安全越冬。

基肥

石灰土(含镁、钙)150克/米^2，堆肥2千克/米^2，化肥50克/米^2。

追肥

化肥30克/米^2。在移栽1个月之后、2月下旬及3月中旬各追肥1次；开始采收后每2周追肥1次。

浇水

播种和定植时浇水。

连作建议

以隔4~5年再种为好。

难易度

栽培速成

1 播种

采用营养钵育苗，每个营养钵内点播3粒种子。

2 间苗、移栽

间苗，保留2棵，然后进行移栽。

3 防寒对策

用寒冷纱覆盖的拱棚防寒。

4 追肥①

移栽1个月后追肥并培土。

5 竖立支杆

早春，摘掉寒冷纱后竖立支杆，绑绳或架网，诱导茎蔓生长。

6 追肥②

2月下旬和3月中旬进行追肥并培土。

7 采收

食荚品种，豆荚中的种子刚刚隆起时采收；荚、豆均可食用的品种，在豆荚逐渐变粗过程中适时采收；食豆品种，在豆荚粗壮、种子浑圆时采收。

栽培月历

●播种 ○移栽 ▲间苗+追肥 ■采收 ◆主要病害 ◇主要害虫 △其他

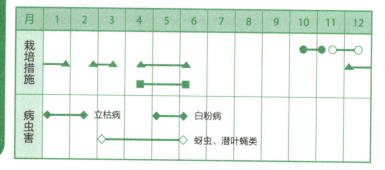

Q1 豆科蔬菜在贫瘠的土地上也能种植，这是为什么？

豆科蔬菜的根上都长有根瘤，这是根瘤菌侵入根而形成的。它与根处于共生状态：菌从植物上吸收养分，又将空气中的氮气固定、分解，供给豆科植物来利用。因此，豆科蔬菜在养分含量少的土壤中也能获得氮素而生长。在肥沃的土壤上种植，要控制基肥，特别是氮肥的施用量。

豆科植物的根瘤

肥料养分过剩，容易引起"徒长"，即枝叶生长茂盛而结果不良。

Q2 遇寒时豌豆苗萎蔫了。

豌豆耐寒性强，在幼苗生长期，0℃以下的低温也能忍耐。但是如果苗期生长过旺，不能抵御寒害，也会导致萎蔫。预防措施是严格遵守播种时期，一般在 10 月中旬 ~11 月上旬播种，严禁早播。

Q3 豌豆的蔓和叶也能吃吗？

将豌豆新芽的尖端剪取 10 厘米，剪取的部分就是中国菜中的"豌豆苗"。用开水稍微焯一下凉拌，是香甜可口的凉菜。也有用来生产豌豆苗的专用品种，但结荚豌豆的植株需要摘除侧芽，这也是豌豆苗。植株长大后叶片变硬变老，所以只能从幼嫩的植株上摘。

从幼嫩植株上摘下的豌豆苗

一般在侧芽开始生长的 5 月摘芽。摘芽过量，会影响豆荚和果实的生长发育，所以要适可而止。

蚕豆

[豆科]

⚠ 重点提示

将种子的"种脐"部分朝下，斜着浅插于土壤中。

基肥

石灰土（含镁、钙）150 克/米²，堆肥 2 千克/米²，化肥 50 克/米²。

追肥

化肥 30 克/米²。从 2 月下旬开始，每月追肥 1 次。

浇水

播种和定植时浇水。

连作建议

以隔 4~5 年再种为好。

难易度

栽培速成

1 播种

在营养钵内装入营养土，每个营养钵内点播 2 粒种子。

2 移栽、间苗

真叶 3~4 片时间去 1 棵苗，然后进行移栽。

3 防寒对策

用罩着寒冷纱的拱棚来防寒。

4 追肥

2 月下旬开始每月追肥 1 次并培土。

5 整枝

株高 40~50 厘米时剪枝，修剪成有 6~7 个分枝的株型。

6 摘心、竖立支杆

株高 60~70 厘米时摘心；在植株的四周竖立 4 根支杆，用绳子围捆、固定，以防止倒伏。

7 采收

当豆荚饱满下垂时即可采收。

栽培月历

●播种 ○移栽 ▲间苗 + 追肥 ■采收 ◆主要病害
◇主要害虫 △其他

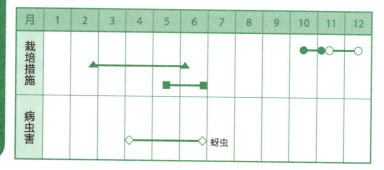

Q1 播种的要点有什么？

A 蚕豆的种子上有一个下凹的黑色条疤——种脐。播种时将种脐朝下斜插入土中。要浅浅地插入，以还能看见种子为宜，这是播种的窍门。

Q2 春天植株长大扩展，分枝相互交错，怎么样整枝好呢？

A 蚕豆的植株在寒冷的条件下生长迟缓，随着气温的上升，茎叶开始生长，1棵植株上可以长出10多个芽，对此，保留其中6~7个长势好的芽，其他的剪去。进一步长大后，在植株的周围竖立支杆并用绳子围系，以防止植株倒伏。

Q3 请问采收的标准是什么？

A 蚕豆在日本也叫作"空豆"，据说是因为其幼嫩的豆荚一直傲然地仰望着天空而得名。成熟时，因种子重量增加，豆荚逐渐垂下来并变成黑褐色，手捏豆荚时可以明显地感觉到其中的种子很大，这时就是采收期了。

Q4 在茎和荚上发现黏糊糊的蚜虫怎么办？

A 蚜虫是早春时节为害豆科植物的代表性害虫。黑黑的蚜虫附着在幼嫩的生长点和幼荚上，不仅影响外观，而且不利于植株生长。在为害初期，可以人工捕杀。蚜虫厌恶闪闪发亮的东西，使用有反光效果的银白条纹塑料薄膜，可减少其发生量。使用安全成分制成的、以还原糖浆为主要成分的"饴糖粉"也是有效的。与仲夏时节不同，此时喷灌会使植株受伤，所以不建议采用。

玉米

[禾本科]

基肥

石灰土（含镁、钙）100 克 / 米^2，堆肥 2 千克 / 米^2，化肥 100 克 / 米^2。

追肥

化肥 30 克 / 米^2。间苗保留 1 棵时第 1 次追肥，抽穗后（开花期）第 2 次追肥，以后视情况而定。

浇水

直至发芽前保证水分充足。

连作建议

没有连作障碍，但隔上 1~2 年再种也好。

难易度

栽培速成

1 播种

株距 30 厘米，每个穴点播 3 粒种子，覆土。覆盖不织布，防止种子萌发期土壤干旱和鸟类为害。

2 间苗①

当真叶抽出可见时，摘除不织布，间去 1 棵苗。

3 间苗②、追肥①

株高 20~30 厘米时，间苗，仅留 1 棵，追肥并培土。

4 追肥②

雄穗（雄花）开始抽出时，第 2 次追肥并培土。

5 穗数确定

雌穗（雌花）开始吐丝时，保留最上方的果穗，其他的摘除。

6 采收

授粉后 20~25 天即可采收。

栽培月历　●播种　○移栽　▲间苗 + 追肥　■采收　◆主要病害
　　　　　　　◇主要害虫　△其他

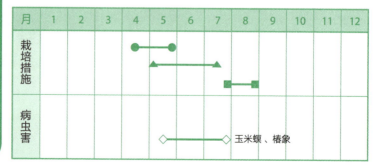

Q1 "清洁农作物"指的是什么?

A 玉米的吸肥力很强,它可以汲取蓄积于土壤中的过剩养分,从而改善土壤环境,因此被称为"清洁农作物"或"扫除作物"。它能大量吸收氮素及钾、钙、镁等盐类物质,因而结出的玉米很好吃。这确实起到"一石二鸟"的作用。还有,玉米没有连作障碍,常在循环轮作栽培中作为组配作物来加以利用。

Q2 叶腋处有粉状物出现。

A 这是玉米螟的幼虫在潜入茎干时留下的痕迹。该虫可使茎干折断,也会为害果实,所以一经发现要立即捕杀。

Q3 雄穗折断枯萎了,这是怎么回事?

A 这也是玉米螟为害的结果。玉米螟首先啃食雄穗(雄花)而使其枯萎;其次下爬到茎干钻入茎内部;再进一步啃食雌穗(雌花)花丝,也有的啃食嫩粒,造成籽粒残缺不全。雄穗折断是玉米螟为害的最直接证据,应查找、捕杀害虫,防止为害进一步扩大。

Q4 请问采收的标准是什么? 另外,1 棵能结几个玉米棒?

A 玉米的采收适期很短,甜度高而最好吃的是在采收的当天。从开花算起经过20~25 天,花丝(雌蕊)变成褐色并且开始枯

保留最上方的果穗

嫩果穗

萎时，是可以采收的信号。为了达到穗大、籽粒饱满的培育目标，原则上 1 棵 1 穗。若 1 棵长有 2~3 个果穗，就保留最上方的果穗，其他的摘去。摘下来的果穗作为嫩玉米，也可以食用。

Q5 不能充分结果是怎么回事？

A 这要从授粉不充分上来考虑。
玉米是异花授粉植物，可以利用其他植株上的花粉来完成授粉。种植玉米时要考虑植株的排列方式，选易于授粉的方式来种植。

例如，同样地种植 6 棵玉米，比起 6 棵 ×1 行来说，3 棵 ×2 行更有利于增加授粉机会。

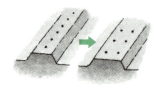

增加授粉机会的办法

Q6 在用来做爆米花的玉米品种旁边种植了甜玉米品种，甜玉米果穗结成爆米花品种了，这是怎么回事？

A 这称为"种子直感（异粉性）现象"，是玉米等禾本科植物上表现出的特性，指的是两个品种就近种植，授粉杂交后，品种本身的特性不表现出来，而表现出来的是作为花粉品种的特性。爆米花玉米品种的种子有遗传优势，其花粉授给甜玉米品种，甜玉米的遗传特性被隐去。所以两个品种的种植距离要超过传粉距离。

Q7 玉米的秸秆体积很大，如何处置？

A 收割后的玉米秸秆，将其铺在其他蔬菜的基部，可以代替地膜起到防止土壤干旱或土壤过湿的作用。另外，把它铺在长葱的种植垄沟里，也能起到以上效果。这个作用完成后，秸秆的纤维软化，处置起来就很容易了。将其截成 5~10 厘米的小段，翻耕到大田中，可以成为绿肥。但是，必须经过 1 个月的沤制。

栽培速成

1 移栽
注意茎（匍匐茎）的伸展方向，当草莓苗的短缩茎膨大呈冠状时可进行移栽。

2 追肥①
2月下旬第1次追肥，以促进生长。

3 地膜覆盖
3月中旬，将覆盖着地膜的畦田破膜放苗。没有使用地膜的畦田，在花期要铺上稻草。

4 追肥②
3月下旬~4月上旬进行追肥。如果有匍匐茎伸出，就摘去。

5 采收
果实变成红色即可采收。

6 育苗
采收全部完成之后，将匍匐茎移植到营养钵中进行育苗。

! 重点提示
果实不能接触土壤，因此要铺地膜。

基肥
石灰土（含镁、钙）100克/米²，堆肥2千克/米²，化肥100克/米²，可溶性磷肥50克/米²。

追肥
化肥30克/米²。2月下旬、3月下旬~4月上旬分别追肥2次。

浇水
移栽和开花时各浇水1次，要浇足浇透。

连作建议
以隔1~2年再种为好。

难易度 ~

草莓
[蔷薇科]

栽培月历

●播种 ○移栽 ▲间苗+追肥 ■采收 ◆主要病害
◇主要害虫 △其他

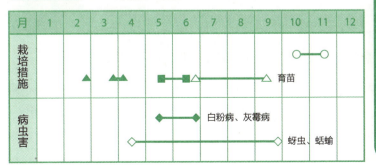

Q1 购买草莓苗时，应注意的要点有哪些?

A "短缩茎"是由着生叶片的茎膨大、变粗而形成的，呈冠状。好苗的标准是：短缩茎粗壮，其上长着的叶片浓绿而且有光泽，最好是无病毒的"脱毒苗"。"脱毒苗"是在无菌栽培环境中培育的幼苗，因没有受到病毒的感染，所以是健康的幼苗。

短缩茎

匍匐茎切断后的一端

Q2 向能结果的方向努力，采用什么措施好呢?

A 草莓苗是从母株伸出来的蔓（匍匐茎）上剪下来的，所以一定要保留匍匐茎。匍匐茎相反的一侧能结出果实，这是草莓的一个特性。因此，在 1 条田垄上种植 2 行草莓的情形下，移栽时应注意：要把带匍匐茎的一侧栽在内侧（田垄的中间），这样草莓会结在垄肩上，给栽培管理及采收带来便利。另外，有着生长点的短缩茎要高出地面，浅浅地栽植在土壤中。

Q3 不用地膜也能栽培草莓吗?

A 草莓有较强的耐寒性，不铺地膜也能栽培。但是，果实直接接触土壤容易引起腐烂，所以从开花期开始，铺稻草也是可行的。

Q4 如何处理匍匐茎?

A 天气变暖后，母株生长旺盛，匍匐茎开始伸展。在结果、采收的时间段内，为了使果实充实，要将匍匐茎剪去。采收结束后，在长出的匍匐茎下放置营养钵，进行育苗。

Q5 请问如何获得子株? 育苗的方法是什么?

A 获取子株，是在采收完成之后。将装有营养土的营养钵放在匍匐茎的第 2 个茎节及以后的茎节之下，将茎节上长出的子株插入营养钵中，子株不要仅放在营养钵的表面，一定要牢牢地压实在钵中。1 棵母株可以分

生出 15~20 棵子株，但第 1 节上的
子株生长发育容易不稳定，所以不
作为育苗的对象，应采用第 2 节及
之后节上的子株。

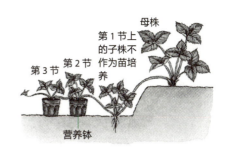

母株
第 1 节上
的子株不
作为苗培
养
第 2 节
第 3 节
营养钵

栽植之后经过大约 20 天，子株
生根成活，这时剪断匍匐茎，让子
株独立成苗。

在剪断匍匐茎时，子株靠近母株的一侧要保留 2~3 厘米的短蔓。下次移
栽时，可据此来分辨能结果的一侧是哪一侧。注意浇水，育苗到秋天后，适
期定植。

Q6 草莓能在元旦节前上市吗？

A 草莓受精、膨大的最低温度是 6~7℃，5℃以下就不能结果。如果保持
白天在 25℃以上、夜间在 6℃以上的温度，1 年内都能采收果实。满
足这样的条件，只能是室内箱式栽培。9 月中旬栽种，之后促进开花，开花
后用毛笔等工具进行人工辅助授粉，如此在光照充足的室内是可以培育的。

Q7 连续多年栽种后，为什么会产量下降？

A 草莓虽然是多年生植物，但连续栽种 3~4 年后，植株的生长势逐年下
降，容易感染病毒病，有的甚至产量减半。因此，一定要购入新的株
苗来替代老株。

Q8 果实被西瓜虫、蛞蝓为害，令人烦恼。

A 这类害虫在湿度大的地方容易发生，所以要去除枯枝烂叶，保持田园
清洁，还要注意让地膜上蓄积的水分能够顺利排出。

秋葵

[锦葵科]

重点提示

将种子浸泡一昼夜再播种，有利于萌发。

基肥
石灰土（含镁、钙）100 克/米²，堆肥 2 千克/米²，化肥 100 克/米²，可溶性磷肥 50 克/米²。

追肥
化肥 30 克/米²。播种 3 周后第 1 次追肥，之后每 2 周追肥 1 次。

浇水
播种和干旱时浇水，要浇足浇透。

连作建议
以隔 1~2 年再种为好。

难易度

栽培速成

1 播种
铺地膜，按株距 30~50 厘米开穴。每个穴内点播 5~6 粒种子。也可以播种在营养钵中。

2 间苗①
真叶长出 1~2 片时间苗，保留 3 棵。

3 间苗②
真叶长出 4~5 片时，只保留 1 棵，其他的拔去。

4 追肥
播种 3 周后第 1 次追肥，之后每 2 周追肥 1 次。

5 采收
果荚长到 7~10 厘米时就可采收。

6 摘叶
采收果荚后，只保留其正下方的 1~2 片叶，再以下的叶片全部摘除。

栽培月历

● 播种　○ 移栽　▲ 间苗＋追肥　■ 采收　◆ 主要病害
◇ 主要害虫　△ 其他

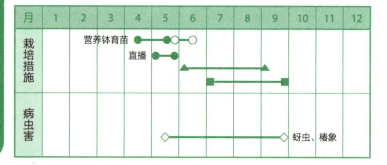

月	1	2	3	4	5	6	7	8	9	10	11	12
栽培措施		营养钵育苗 ●—○●—○ 直播 ●—●				▲		▲	■———■			
病虫害				◇			◇ 蚜虫、椿象					

Q1 发芽不良是因为什么?

A秋葵属热带植物,种子萌发的适宜温度为 25~30℃之间,在这温度范围内发芽率高,在 10℃以下会停止萌发。因此,播种要在气温上升且稳定的 5 月之后。用营养钵育苗也是有效的措施。其种子属硬实种子,种皮坚硬,浸泡一昼夜有利于萌发。

Q2 总不结荚是怎么回事?

A这是因为氮肥过量而引起的徒长吧。秋葵吸肥能力很强,如果基肥,特别是氮肥施用过多,植株就只长茎叶而不结果荚。所以在播种前的土壤处理时,应多施有机肥。

遇到不结荚的情况时,要摘除下部叶片,让养分回流到果荚。因为秋葵是在叶腋处着生果荚的,所以采收的方法是:在采收果荚的同时,保留该茎节下方的 1~2 片叶,再以下的叶片全部摘除。这样可以改善通风透光条件,提高坐果率。

Q3 果荚弯曲是怎么回事?

A果荚弯曲是植株生长势过旺或过弱时容易产生的现象,是整个植株生长平衡被打破而发出的信号。如果是植株生长势过弱,请及时浇水、施肥;如果叶片长得比手掌还大,说明植株生长势过旺,这时就要摘除下部的叶片。

再一个原因是椿象类害虫为害,一经发现,立即捕杀。

Q4 如何恰到好处地采收秋葵?

A秋葵的果荚每天约生长 1 厘米,从开花之日算起,经过 1 周,长到 7 厘米左右,正好是采收的理想时候。如果是周末才去管理的菜园,往往会错过采收适期。没有适时采收,果荚、内部种子变硬,就不能食用了,并且会给植株带来很大的负担。因此,为下一步植株的生长来考虑,秋葵要趁小、趁早采收。

芝麻

[胡麻科]

! 重点提示

芝麻喜好温暖的环境，所以，播种要在 5 月中旬~6 月中旬进行。

基肥

石灰土（含镁、钙）100 克/米²，堆肥 2 千克/米²，化肥 100 克/米²。

追肥

化肥 30 克/米²。间苗至 1 棵时进行第 1 次追肥，开花时进行第 2 次追肥。

浇水

播种时至发芽前都要保持水分充足。

连作建议

以隔 2~3 年再种为好。

难易度 易 中 难

栽培速成

1 播种

按株距 15~20 厘米开穴，每个穴内点播 5~6 粒种子。也可以条播。

2 间苗①

真叶长出 1~2 片时间苗，保留 3 棵。

3 间苗②

真叶长出 3~4 片时间苗，保留 2 棵。

4 间苗③、追肥①

真叶长出 6~7 片时间苗，只保留 1 棵，追肥并培土。

5 追肥②

开花时追肥并培土。

6 摘心

芝麻自下而上开花结果。当下方的果荚中种子逐步充实时，上方开花的部分要摘心。

7 采收

果荚变成黄色，并且有 2~3 个果荚开裂时就可采收。可从植株基部收割整株。

栽培月历

● 播种　○ 移栽　▲ 间苗 + 追肥　■ 采收　◆ 主要病害
◇ 主要害虫　△ 其他

月	1	2	3	4	5	6	7	8	9	10	11	12
栽培措施					●—●				■—■			
					▲—	—▲						
病虫害					不用防治							

66

Q1 黑芝麻、白芝麻、金芝麻有什么不同吗?

A 颜色的不同,同时有品种名称的不同。黑芝麻产量高,香味浓郁;白芝麻是更大众化的品种;金芝麻的别名叫黄芝麻或茶色芝麻,种子的价值高,金灿灿的颜色想必也是家庭种植所享有的乐趣之一吧!

Q2 采收的标准是什么?

A 同一植株上的果实,成熟时间是不同的,是从下向上逐渐成熟的。因为植株上部还在开花中,对其摘花去心,可减少营养消耗,促使下部果实充实,这是栽培中的明智之举。当果荚变为黄色,并且有 2~3 个果荚开裂时,就可以采收。采收过迟,下部的果壳会爆裂,种子散落一地。

2~3 个果荚开裂是采收适期

Q3 植株收割后,如何取出种子,又如何保存种子?

A 植株收割后,几棵捆成 1 捆,立在雨水淋不到的地方,放置 1 周左右使其干燥。别忘了要在立植株的地面上铺上塑料布等。大部分的果荚会自行开裂,种子自由散出,再用棍棒敲打植株,使种子都散出。将其中细碎的杂质粗略地分拣一下,再在塑料布、油布等上面摊开晾晒,干燥后的芝麻可装入瓶中或罐中保存。

用棍棒敲打,芝麻粒散落出来。去除其中的杂质,然后摊在塑料布上晾晒至干燥

萝卜

[十字花科]

基肥

石灰土（含镁、钙）100 克 / 米^2，堆肥 2 千克 / 米^2，化肥 100 克 / 米^2。

追肥

化肥 30 克 / 米^2。间苗至 2 棵时进行第 1 次追肥，间苗至 1 棵时进行第 2 次追肥，共计 2 次。之后视生长情况而定。

浇水

播种时浇足浇透水。

连作建议

以隔 1~2 年再种为好。

难易度

栽培速成

1 播种

堆肥容易造成双根，所以在前茬作物大量施入堆肥的田块中种萝卜，就不用施堆肥了。深耕、精耕，至少达 30 厘米。开穴点播，每个穴内 5~6 粒种子。

2 间苗①

真叶长出 1~2 片时间苗，保留 3 棵。

3 间苗②、追肥①

真叶长出 3~4 片时间苗，保留 2 棵，追肥并培土。

4 间苗③、追肥②

真叶长出 5~6 片时间苗，只保留 1 棵，追肥并培土。

5 采收

青萝卜的直径有 6~7 厘米时就可采收。

栽培月历

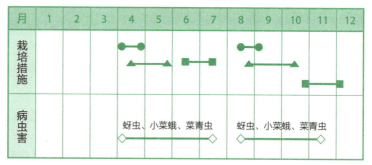

●播种 ○移栽 ▲间苗 + 追肥 ■采收 ◆主要病害
◇主要害虫 △其他

月	1	2	3	4	5	6	7	8	9	10	11	12
栽培措施				●—● ▲——▲		■—■		●—● ▲——▲		■—■		
病虫害				蚜虫、小菜蛾、菜青虫 ◇———◇				蚜虫、小菜蛾、菜青虫 ◇———◇				

Q1 一年中都可以种植吗？

A 随着品种的不断分化，现在一年当中都可以种植萝卜。可根据耐寒耐热性的强弱、抽薹的难易等对品种加以区分。若在 4 月播种，选择抽薹晚的品种；若采用 5~6 月播种、夏天采收的栽培方式，可选择抗病虫害能力强的品种；隆冬时节，选用抽薹晚的品种，并且用拱棚覆盖塑料薄膜的栽培方式。最简单的栽培方式就是露地栽培中的秋播冬收。购买种子时，种袋上都标有栽培方式等，一定要仔细阅读并按照说明来做。但是，夏天采收的栽培方式不作推荐，因为病虫害多，培育出高品质的萝卜实属不易。

Q2 植株的顶芯被吃，没有生长点了，这是怎么回事？

A 这取决于受害时期及植株的大小。作案的"嫌犯"有很多，罪魁祸首是萝卜食心虫，也叫菜螟，8~9 月易发生，也为害甘蓝和西蓝花的菜苗。第二"嫌犯"是全黑的幼虫——菜叶蜂的幼虫，春天和秋天发生，用手振动叶片，虫子很容易掉下来。夜盗虫、菜青虫也是重要的"嫌犯"。采取"一经发现，立即捕杀"的防治原则，可以罩上防虫网来预防。生长点被食的植株，上部不能生长，应及时重新补种。

Q3 不能采收粗壮美观的萝卜，这是怎么回事？

A 根不能长粗，首先要考虑的因素是株距是否足够。在点播的情况下，株距最小是 30 厘米。定好株距，也为使用合乎株距要求的地膜提供了便利。第二个因素是间苗时期和间苗次数适当吗？播种时每个穴播 5~6 粒种子，共分 3 次间苗，最后每个穴只留下 1 棵。当叶伸展开时，有的 2 棵苗在一起不易发现，所以要留心观察。

Q4 萝卜长成了双根，这是怎么回事？

A 根菜类，特别是萝卜，出现双根现象的主要原因是播种前的土壤整理不充分，深耕不够。俗话说"萝卜十耕"，深耕细耙是非常重要的。

播种后，在种子正下方有石头或堆肥的肥块时，根遇到它，就容易形成双根。另外，间苗时如果伤到了保留苗的根，受伤的根在生长发育时也会有畸形的倾向。

Q5 采收的标准是什么？萝卜空心了是怎么回事？

A 如果是青萝卜，露出地面的根的直径有 6~7 厘米时，就可以采收了；如果是圣护院白萝卜品种，直径达 13 厘米时是采收时节。

萝卜空心常常是采收迟的缘故。将外层叶片从叶基部折断，观察横切面，如果中央呈海绵状变空了，根空心的可能性就很高了。

Q6 地面上部的根呈水浸状，开始腐烂。

A 这是软腐病的典型症状。软腐病是一种细菌性病害，腐烂的同时发出恶臭味。在多湿的环境下，病原菌从折断的叶片或茎的伤口处侵入导致发病。因为没法治疗，所以发现病株立即拔除，以免传染其他植株。对于软腐病，发生前的预防是关键。地块排水不良、大风大雨之后、播种过早等能导致病害扩展和加重。对植株要精心呵护，注意排水和通风，使病原菌不易侵入。

对于发生过病害的地块，为改善排水环境，应采取高垄栽培。

胡萝卜 [伞形科]

栽培速成

1 播种

播种前要浇足浇透水，播种后薄薄地覆上一层土，再次浇足水，盖上稻糠、腐叶土或不织布来保湿。

2 间苗①

真叶长出 1~2 片时，按 3~4 厘米的间隔进行间苗并培土。

3 间苗②

真叶长出 3~4 片时，按 5~6 厘米的间隔进行间苗。

4 间苗③

真叶长出 5~6 片时，按 10~12 厘米的间隔进行间苗。

5 追肥

在第 2、第 3 次间苗后各追肥 1 次并培土，之后每 2 周追肥 1 次。

6 采收

胡萝卜根的直径达 4~5 厘米时可以采收。

！ 重点提示

种子发芽前一直要保持土壤湿润。

基肥

石灰土（含镁、钙）100 克 / 米^2，堆肥 2 千克 / 米^2，化肥 100 克 / 米^2，可溶性磷肥 50 克 / 米^2。

追肥

化肥 30 克 / 米^2。在第 2、第 3 次间苗后各追肥 1 次，之后每 2 周追肥 1 次。

浇水

播种时至发芽前都要每天浇水，不可欠缺。

连作建议

以隔 1~2 年再种为好。

难易度　 　（易　中　难）

栽培月历

●播种　○移栽　▲间苗＋追肥　■采收　◆主要病害
◇主要害虫　△其他

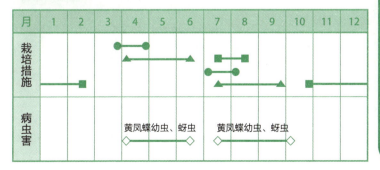

月	1	2	3	4	5	6	7	8	9	10	11	12
栽培措施												
病虫害			黄凤蝶幼虫、蚜虫				黄凤蝶幼虫、蚜虫					

Q1 3 月播种的胡萝卜怎么抽薹了?

A 确认品种和栽培方式了吗? 胡萝卜有春播品种和夏播品种。夏播品种具有耐热性强的特点,若在春天播种就容易发生抽薹现象。请选择与季节相吻合的品种进行种植。

Q2 发芽不良的原因是什么?

A 种植胡萝卜,使种子发芽是第一关。如果土壤干旱就难以发芽。在干旱严重的时候,必须在充分浇水的前提下再进行播种,并且播种后也要浇足水分。如果用喷壶浇水,洒下的水渗入地下后,再仔细地喷 1 次。如果在降雨 1~2 天后播种,那是再好不过的了。播种后撒薄薄的一层土覆盖,再把稻壳或腐叶土盖在上面,或用不织布覆盖,可起到保湿作用。

Q3 胡萝卜根的基部变成绿色了,这是怎么回事?

A 这是培土不足,阳光照射的缘故吧? 胡萝卜植株的基部,是由胚轴的一部分膨大而形成的,如果遇到阳光照射,会进行光合作用,从而转变为绿色。变绿的胡萝卜,不仅影响美观,而且品质也稍有下降。防止变绿的措施是在根膨大期给根基部培土。

给露出地面的根培土

Q4 胡萝卜发生纵裂是怎么回事?

A 这是生长期水分不足或采收过迟造成的。在胡萝卜根膨大变粗的过程中,土壤过干或过湿交替出现,就会出现根裂。

另外,错过了采收适期,根老化也会出现开裂。

Q5 拔出根一看,根上长着许多小瘤子。

A 须根旺盛、蓬乱,上面长着许多小瘤子,这是胡萝卜受根结线虫为害而引起的症状。受害后

地上部分叶片变黄，缺少生机，严重时叶片枯萎，多发生在前茬作物是茄子、番茄、芸豆等果菜类蔬菜的地块中。因此，在整理前茬地块时，一定要留意土壤中的根。如果发现带瘤子的根，说明土壤中有根结线虫存在，那就放弃种植胡萝卜吧！在这种地块

种植金盏菊对防治根结线虫有效

上种植金盏菊，可以起到降低根结线虫密度的效果。不是只种 1~2 棵金盏菊，而是按 30 厘米的株距大量种植，才会提升效果。

Q6 胡萝卜属根菜类，叶片被虫子吃一点也没什么关系吧?

A 害虫造成的影响，与侵害叶片时植株的大小密切相关。如果植株处在根正充分膨大的时期，为害不是很大；但是，如果处在初期和地上部生长发育期，叶片被啃食，会对根的生长带来重大影响，所以必须尽力防治。

黄凤蝶的幼虫

经常为害胡萝卜的是黄凤蝶的幼虫，它属于大型幼虫，如果放任不管，可以把叶片全部吃光。在生产中提倡无农药栽培，初期的害虫就用手来捕捉吧。

其他的根菜类也是一样的。当植株的地下部分处于生长期，地上部分的叶片若被吃掉，会影响光合作用，进而影响到地下部分的膨大。因此，不管是哪一种蔬菜，都要做好害虫的防治工作。

芜菁

[十字花科]

⚠ 重点提示

初学者可以从易于种植的小芜菁开始。

基肥
石灰土（含镁、钙）100 克/米²，堆肥 2 千克/米²，化肥 100 克/米²。

追肥
化肥 30 克/米²。真叶 2~3 片时进行第 1 次追肥，真叶 4~5 片时进行第 2 次追肥，共计 2 次。

浇水
播种和干旱时浇足浇透水。

连作建议
以隔 1~2 年再种为好。

难易度 易 **中** 难

栽培速成

1 播种
采用单行条播或者行距为20~30厘米的双行条播比较易于栽培。点播也可以，每个穴内4~5粒种子。

2 间苗①
当双子叶出齐时，每隔 3 厘米进行间苗。

3 间苗②、追肥①
真叶长出 2~3 片时，每隔 5~6 厘米进行间苗，追肥并培土。

4 间苗③、追肥②
真叶长出 4~5 片时，每隔 10~12 厘米进行间苗，追肥并培土。

5 采收
小芜菁品种，根的直径有 5 厘米时就可采收。

栽培月历

●播种　○移栽　▲间苗＋追肥　■采收　◆主要病害　◇主要害虫　△其他

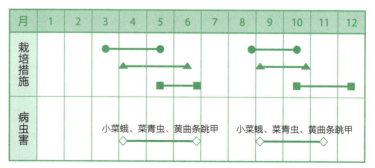

Q1 种植芜菁用不用培土？

A 小芜菁的根在近地表处膨大，大部分都埋在土里，所以没有必要培土。但在间苗和追肥时，为了防止植株的根基晃动，还是要轻轻地培土压实。

Q2 根的形状扭曲不圆是怎么回事？

A 芜菁属直根类，膨大的胚轴成为根，就是人们日常食用的蔬菜。播种采取直播，间苗时不要伤到保留苗的根，谨慎地进行操作。根的形状不好或根长不大往往是因为间苗时株距间隔不当或保留苗的双子叶不完整，所以操作时一定要仔细、认真，以避免上述现象的发生。

不论是点播还是条播，都要分几次间苗来调整株数，条播最后确定的株距是 10~12 厘米，点播则保留 2 棵比较合适。

Q3 根上有零星散落的小孔洞，这是怎么回事？

A 这是黄曲条跳甲的幼虫在根表面留下的为害痕迹。该虫主要在 4~10 月发生，会啃食根菜类蔬菜的根。十字花科蔬菜连作的地块多有发生，并有加重的趋势，所以预防措施就是不要连作。罩上防虫网，防止其成虫飞来，也是有效的预防对策。

黄曲条跳甲幼虫的为害症状

Q4 出现根裂现象。

A 原因之一就是采收迟了；另一个原因是生长发育期遇到干旱，而芜菁的根在膨大时需要适宜的水分。

应在排水良好的地块栽培，持续干旱时要适当浇水。

但是，在存水的低洼地播种常引发病害，对植株生长不利。

小萝卜

[十字花科]

 重点提示

适期间苗可促进根的膨大，间苗不足会对根的形态造成不良影响。

基肥

石灰土（含镁、钙）100~150克/米²，堆肥2千克/米²，化肥100克/米²。

追肥

化肥30克/米²。真叶4~5片时追肥。

浇水

播种和干旱严重时浇足浇透水。

连作建议

以隔1~2年再种为好。

难易度

栽培速成

1 播种

按1厘米的间距播种。

2 间苗

双子叶平展时，每隔3~4厘米进行间苗并培土。

3 追肥

真叶长出4~5片时，追肥并培土。

4 采收

根的直径有2~3厘米时就可采收。

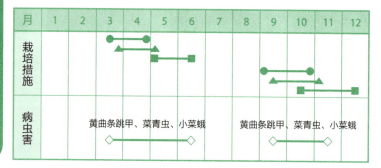

Q1 小萝卜都有什么品种？

A 所谓的小萝卜，以前专指红色球形小萝卜，随着品种的丰富和多样化，现已增加了许多新的品种。从萝卜的颜色看，除红色外，也有粉红色、紫色、白色，以及上半部分为红色下半部分为白色的红白萝卜，还有黄色和黑色的国外品种，通过网购或邮购，都可以买到。从外形上看，有圆形的、有寸长的香肠形的，还有大萝卜那样的中粗形的。也有几个品种混合在一起来出售的。

红色球形种　白色细长种　红白种

Q2 叶片上有小的孔洞，这是怎么回事？

A 叶片上散布有直径 1~2 毫米的小孔洞，这是黄曲条跳甲成虫为害的症状。体长有 2 毫米的小甲虫，喜欢吃十字花科蔬菜的叶片，其幼虫在地下生活，啃食根部，在根上形成小孔洞。小萝卜的栽培期短，在萝卜受害还不太大的时候就采收了。但为了防止下一次发生，用防虫网遮盖比较好。

Q3 根开裂是怎么回事？

A 是否是采收太迟造成的？小萝卜从播种大约经过 30 天就可以采收。在地里长时间不采收，根有的开裂、有的空心，造成品质下降。

Q4 根的形状不好、基部发黑，这是怎么回事？

A 是否是错过了间苗的最佳时间？或者间苗次数不足？如果是间苗操作不充分，植株过密而拥挤不堪，就会造成根形状不好。所以在双子叶展开时，间隔3~4厘米进行间苗。如果在高温期植株生育良好，叶片能长很大，也可以把株距略微扩大到5~6厘米进行间苗。

根基部发黑是因为地表干旱的原因吧！预防措施是间苗后给植株基部充分培土。

牛蒡

[菊科]

基肥

石灰土（含镁、钙）150 克 / 米^2，堆肥 2 千克 / 米^2，化肥 100 克 / 米^2。

追肥

化肥30克/米^2。在真叶2~3片、4~5片时各追肥1次，共计2次。之后，依据植株生长发育状况而定。

浇水

播种时浇足浇透水。

连作建议

以隔 4~5 年再种为好。

难易度 中 ~ 难

栽培速成

1 播种

按株距 10~12 厘米挖穴点播，每个穴内 5~6 粒种子，条播也可以。由于种子发芽难，将种子浸泡一昼夜再播种比较好。

2 间苗①

双子叶平展时间苗，保留 3 棵并培土。

3 间苗②、追肥①

真叶长出2~3片时间苗，保留2棵，追肥并培土。

4 间苗③、追肥②

真叶长出 4~5 片时间苗，只保留 1 棵，追肥并培土。

5 采收

从 10 月中旬开始采收。挖出根周围的土壤，土壤分崩松散后，将牛蒡拔出。

栽培月历

●播种 ○移栽 ▲间苗＋追肥 ■采收 ◆主要病害
◇主要害虫 △其他

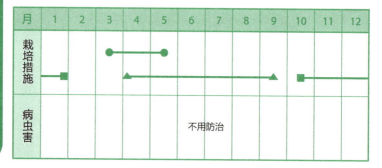

月	1	2	3	4	5	6	7	8	9	10	11	12
栽培措施		■	●———————●						▲	■		
病虫害					不用防治							

Q1 发芽不好，有什么办法吗?

A 要使牛蒡种子易于发芽，可以尝试以下两个办法：①在播种的前一天，将种子浸泡在水中，使其充分地吸收水分。②牛蒡是喜光性种子（光敏感种子），具有遇到光照容易发芽的特性。因此，播种后薄薄地覆上一层土，再浇足浇透水。

在播种的前一天，将种子浸泡在水中

Q2 根分叉成双根了。

A 牛蒡属于直根类，根长在地下，采收之前都不知它长成什么样子，所以从播种开始，就要想方设法防止出现双根，这是至关重要的。根分叉的原因可以从两方面考虑：①土壤整理不充分。直根类蔬菜要深耕细耕，种子的正下方如果有堆肥块、土块、石头等，就容易形成双根。间苗时，有时会碰到保留苗或伤到它的根，这也是一方面原因。②如果土壤中有线虫和切根虫，也会为害根部，造成双根。线虫的为害可通过种植金盏菊来减轻。

覆盖薄土，浇足浇透水

Q3 想种植食叶牛蒡，怎么做好呢?

A 在日本关西地区经常食用的牛蒡叶，是在 8 月末 ~10 月下旬播种，第 2 年春天到初夏采收，这有专门的食叶品种。另外，春天播种的普通长根品种，间苗的同时也获得了嫩叶和幼根，不也能体会其独特的香气和味道吗?

间苗的同时，也获得了嫩叶和幼根

马铃薯

[茄科]

! 重点提示

摘芽后的植株能结出大马铃薯。

基肥

石灰土（含镁、钙）用量：土壤pH小于5，加150克/米²；土壤pH为5.0~6.0，加50克/米²；土壤pH大于6，不用施。堆肥2千克/米²，化肥100克/米²。

追肥

化肥 30 克 / 米²。摘芽后和开花前后各追肥 1 次，共计 2 次。

浇水

几乎不用浇水。

连作建议

以隔 2~3 年再种为好。

难易度 易 中 难

栽培速成

1 种植

测定土壤酸碱度，以决定石灰土的用量。将种薯按芽均等切块，每块30~40 克，有切口的创面沾上草木灰以防止腐烂。开沟种植种薯，沟深 15~20 厘米。

2 摘芽、追肥①

茎长 10~15 厘米时，摘芽，只保留 1~2 个芽，同时追肥、培土。

3 追肥②

开花前后是第 2 次追肥的适期。这时马铃薯在土壤中开始膨大，中耕的同时给植株基部培土、夯实。

4 采收

叶片变黄后可以采收，挖出地下的马铃薯。

栽培月历

● 播种　○ 移栽　▲ 间苗 + 追肥　■ 采收　◆ 主要病害
◇ 主要害虫　△ 其他

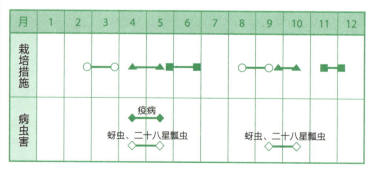

月	1	2	3	4	5	6	7	8	9	10	11	12
栽培措施		○――○	▲―▲	■			○――○	▲―▲		■―■		
病虫害			疫病 ◆――◆ 蚜虫、二十八星瓢虫 ◇――◇					蚜虫、二十八星瓢虫 ◇――◇				

Q1 秋天栽种的马铃薯不发芽。

A 秋天种植马铃薯比春天更难。因为马铃薯喜欢凉爽的气候，如果在 9 月还很热的时期种植，种薯容易腐烂。首先是品种的选择，选择适于秋天种植的品种"出岛""西丰""安第斯红"等，避开"男爵""五月皇后"品种。尽可能地选择小型的、不用切开的小粒种薯来种植，中型及以上的中、大型种薯在切开后沾上马铃薯硅胶（由日本东方太阳绿色有限公司生产），可使切口干燥，起到保护作用。应在上午地温低的时候种植，避开降雨前后。由于天气逐步转凉，发芽之后就能顺利生长了。

Q2 为什么要摘芽？

A 芽的多少大体决定了采收量的多少。芽多，结出的马铃薯小而多；芽少，结出的马铃薯大而少。常以保留1~2根分枝、培育大而少的马铃薯作为栽培目标。

Q3 叶片大而茂盛的马铃薯倒伏引起临近的莴苣腐烂，割去叶片可以吗？

A 和邻近的莴苣之间隔开多远的距离合适？这是由于种植时没有考虑到植株生长这一因素造成的。种植马铃薯时，与相邻的畦垄之间至少要有 70~80 厘米的距离。另外，茎叶伸展扩张时，要竖立支杆，用绳子固定，抑制其向周边无序扩张。

若因为碍事而把植株叶片剪去，会造成薯块不能膨大。

Q4 植株上结出了像迷你番茄那样大小的果实，这是怎么回事？

A 这是容易结果的品种。长年种植的传统品种"男爵""五月皇后"，在日本东北地区以南是不能结果的。但是，新培育出的、易于结果的"北明""印加的觉醒"等品种，结果不再变得那么珍奇了。另外，夏天凉爽也有利于结果。

马铃薯的果实

Q5 疏花好不好呢？

A 试验结果显示，疏花可以增加一些产量。摘花后，供应给花的养分输送给马铃薯，这是事实，但不能仅因此来判断摘花与不摘花哪方面好，粉红色的、紫色的、白色的花朵格外美丽，带给人的乐趣也是应该考虑的。

Q6 马铃薯变绿了还能吃吗？

A 马铃薯露出地面，遇到光照就会变绿。绿色的部分中含有龙葵素这一有毒物质，还是不吃为好。为了防止马铃薯变绿，要认真地给植株基部培土，增加垄高，埋住马铃薯。

Q7 挖出的马铃薯有的开裂，这是什么原因？

A 这不是病原菌或害虫引起的，应该是生理性障碍。在植株的生长发育过程中，如果遇到土壤含水量急剧变化或高温，会发生二次生长，从而导致马铃薯畸形。症状是：马铃薯有的长成哑铃状，有的长有瘤子，有的发生龟裂。适时采收、增加垄高以利于排水是有效的预防措施。

Q8 马铃薯表皮粗糙，或有痘状凸起，这是怎么回事？

A 原因可以从以下几个方面来考虑：一是疮痂病，典型症状是表皮上有褐色斑点，呈疮痂状，这是石灰质含量过多的碱性土壤中容易发生的现象。石灰质含量过多或过少都是不行的。请参见第 80 页的基肥一栏，根据测定土壤的 pH 来确定石灰土的施用量，在种植之前就调整好土壤的 pH。再一个是土壤水分过多，造成表皮木栓化，看上去不好看，预防措施是加高土垄，创造排水良好的土壤环境。

Q9 采收后的马铃薯可以留作第 2 年的种薯吗？

A 自己种、自己收的马铃薯，有可能感染了病毒病，最好不要作为种薯用。种苗店等出售的种薯，是在严格栽培条件下培育出来的，经检查、确认没有受到病毒侵害的，可购买使用。如果感染病毒，植株的生长发育会出现异常，产量也有显著下降的趋势，因此要加以预防。即使感染病毒病，马铃薯也可以食用。

Q10 马铃薯腐烂了，有没有好的保存方法？

A 采收时期、保存方法不同，贮藏期也会不同。理想的采收时期是 2~3 天连续晴天并且土壤干燥。如果在雨天和土壤湿润的情况下采收，刨挖马铃薯时造成的伤口容易出现腐烂。采收后的马铃薯，要在田里晾晒半天进行干燥，然后摊放在背阴、通风良好的地方 1~2 天，再除去马铃薯表面的泥土，装入纸箱等容器内，放置在背阴、凉爽的地方可保存 3~4 个月。严禁沾水，不要水洗。

Q11 请问箱式栽培的要点有哪些？

A 因为是根菜类，箱式栽培要尽可能地选用深的容器或土袋。移栽时在容器内先装一半高度的土，随着生长，逐步增添土壤，即进行"增土"操作。

在箱式栽培过程中，可在摘芽和开花时分 2 次进行"增土"。因为相对于种薯来说，新结的马铃薯大多靠近地表面，"增土"会给马铃薯的生长发育增大空间。

芋头

[天南星科]

！ 重点提示

每月培土 1 次有利于芋头的生长。干旱期浇水。

基肥

石灰土（含镁、钙）100 克 / 米²，堆肥 2 千克 / 米²，化肥 100 克 / 米²。

追肥

化肥 30 克 / 米²。从种植 1 个月后开始每月追肥 1 次。

浇水

在 7~8 月的干旱期浇水，可以增加产量。

连作建议

以隔 3~4 年再种为好。

难易度

栽培速成

1 种植

种植时注意让长芽的部分朝上。

2 追肥

种植 1 个月后每月追肥 1 次，并伴随植株的生长稍稍培土，逐步增加垄高。

3 浇水

芋头不耐干燥，梅雨季过后，铺上稻草，每周浇 1~2 次水，对芋头的膨大有利。

4 采收

在 10 月下旬 ~11 月下旬霜降之前采收。

栽培月历

●播种 ○移栽 ▲间苗 + 追肥 ■采收 ◆主要病害
◇主要害虫 △其他

月	1	2	3	4	5	6	7	8	9	10	11	12
栽培措施				○——○						■—■		
				▲———————————▲								
病虫害					◇———————————————◇				蚜虫、斜纹夜蛾			

84

Q1 发芽不齐是怎么回事？

A 是不是种得太深了？如果种植深度超过 20 厘米就会难以发芽。正确的种植方法是：挖大约 10 厘米深的穴，放入种薯，盖上 7~8 厘米厚的土，用手掌压实。另外，如果种薯腐烂，芽烂掉了，也会引起发芽不良。

要想发芽整齐，也可以先在苗床上育苗，再将发芽的苗定植到田里。关于发芽的问题可参见第 95 页的 Q1。

Q2 试着采收，刨出来一看，子芋头基本没有长大，这是什么原因？

A 芋头喜欢阳光充足、水分多的环境。持续干旱对芋头的生长发育不利，所以要铺稻草来保湿，并适时浇水。

特别是在梅雨季后、连续多天不下雨的情况下，要每周充分浇水 1~2 次，使芋头长大。

Q3 11 月中旬叶片就枯萎了，对芋头有影响吗？

A 从 11 月这一时期上看，是遇到初霜了吧？芋头、甘薯都是热带蔬菜，遇到霜降，叶片会变褐，进而枯萎。此类薯芋要在霜降前采收，这是栽培时应遵循的基本点。地域不同，初霜期不同，结合种植地的初霜期，在霜降前采收吧！注意芋头遭遇低温会引起腐烂。

如果遇到寒流，叶片急骤变褐，赶快刨薯采收吧。有关霜期管理，可参见第 174 页的 Q16。

Q4 采收后放置多少天再吃比较好呢？

A 芋头和马铃薯刚刨出来就很好吃，相反，甘薯采收后，在廊下风干 3~4 天就可以吃，但如果等到淀粉逐步转化成糖后再吃，就会更甜更好吃。即便都是薯芋类，也各有各的不同。

Q5 母芋能吃吗？

A 能吃，但好吃与否因品种而异。芋头的品种共有 4 个品系，除子芋专用品种、母芋子芋兼用品种、母芋专用品种外，还有叶柄可食用的芋茎（芋梗）品种。"石川早生"是子芋专用品种，所结的子芋味美、好吃，其母芋也能吃，但稍微硬一些。虽然母芋能吃，但最好在采收后 2~3 天内趁着新鲜吃。"红芽芋"是母芋子芋兼用品种，"八头芋"是母芋专用品种，这些品种的母芋都能吃。

Q6 请教一下芋头的保存方法。

A 芋头的保存需要 12℃以上的温度和 90% 以上的湿度。因此，一般的贮存方法是：挖一个深度约 50 厘米的坑，在底部铺上稻壳，放入芋头后再加一层稻壳，再覆盖一层厚土。埋的时候不要将母芋与子芋分离，茎的切口要朝下，这是贮藏的要点。因为切口处容易进水，这也是防止腐烂的方法。如此保存的芋头也可以作为第 2 年的种薯。

同样，甘薯也可以采用此方法保存。

Q7 在果蔬店里买到的芋头可以种植吗？

A 如果芋头上带有泥土且品质优良，是可以用来种植的。选择中等大小、芋芽完整、整体上胖乎乎且形态好、没有腐坏和病斑的芋头作为种薯。

芋芽完整

有腐坏和病斑

栽培速成

1 移栽
基肥中要控制氮肥的用量，以防止茎叶徒长。苗移栽的深度为 4~5 厘米。

2 追肥
叶色变浅时可以追肥，如果生长发育良好就不用追肥。

3 采收
霜降之前刨出甘薯，完成采收。

! 重点提示
施用氮肥过多会造成茎叶徒长。

基肥
石灰土（含镁、钙）100 克 / 米²，堆肥 2 千克 / 米²，化肥 20~30 克 / 米²，草木灰 100 克 / 米²。

追肥
几乎不用追肥，当叶色变浅时，以施用化肥 30 克 / 米² 为宜。

浇水
为了有助于成活，需在移栽时浇水。

连作建议
没有连作障碍，但隔 1 年再种也不错。

难易度 ~

甘薯 ［旋花科］

栽培月历

●播种 ○移栽 ▲间苗 + 追肥 ■采收 ◆主要病害
◇主要害虫 △其他

月	1	2	3	4	5	6	7	8	9	10	11	12
栽培措施					○—○					■—■		
病虫害						◇———————◇				夜盗虫、金龟子		

Q1 种植甘薯不施肥可以吗?

A 甘薯被称为"救荒作物",在贫瘠的土地上也能获得高的产量。氮肥施用过多的田块,易发生蔓(茎和叶)生长茂盛而甘薯长不大的"徒长"现象。因此,在前茬作物施肥充足的地块上再种甘薯时,可以不用施肥。

如此情况下,通过观察叶色来判断是否追肥是很重要的。因为减少了氮素,施用氮、磷、钾三要素均等配方的组合肥料的总量就减少了。农户常施用甘薯专用肥(N-P-K=3-7-10),其氮素的成分被控制在标准氮量的1/5左右。

Q2 栽植后的苗怎么不成活?

A 甘薯是用种薯上长出来的长约 30 厘米的苗(插穗)来栽植的。从叶腋处的茎节上长出根来,根的周围将来结出薯块。因此,插穗长度的 3/4 要埋在土壤中,否则不能结薯。

栽植后,如果土壤干燥,为防止秧苗萎蔫,要连续浇水 2~3 天,1 周后苗就长根了。

栽植插穗

Q3 整个夏天,叶和蔓蓬勃生长而结薯却很小,这是怎么回事?

A 氮肥施用过多的原因。大家知道,与其他几种蔬菜一样,施用氮肥,地上部的茎蔓生长显著,叶片肥厚,这称为"徒长",它对地下薯块的膨大是不利的,请注意基肥的施用量。相反,钾肥有利于产量增加。如前所述的甘薯专用肥(N-P-K=3-7-10),是氮素量少而钾元素多的配方肥料。

如果施用本书提到的常规配方肥料(N-P-K=15-15-15),一般以氮素为基准来确定,通常取20~30克(含氮量1/5)就够了,钾元素由草木灰来补充。

Q4 翻蔓好不好?

A 所谓的翻蔓就是轻轻翻动或提起甘薯的茎蔓,切断节间生长的根,让养分输送给靠近主根的薯块。过去,翻蔓工作需要在专业人员指导下进行。现在,由于品种的改良,不再需要翻蔓了。在狭小的家庭菜园中,如果叶片重叠或碍事,是可以移动茎蔓的。

Q5 没有发现花,为什么不开花呢?

A 甘薯是原产于中美洲的热带蔬菜,不具备高温短日照条件就不会开花。日本的夏天是高温长日照条件,在本州地区见到开花是很珍奇的事情;在冲绳和鹿儿岛等亚热带气候条件下,它是开花的。与同属于旋花科的牵牛花、空心菜一样,甘薯的花呈喇叭状,很可爱。

Q6 超市中有紫色和橙色甘薯,可以买来当种薯用吗? 请教一下育苗的方法。

A 继备受欢迎的紫色甘薯之后,浓紫色的、橙色的甘薯品种也上市了。因其育苗简单易行,是可以作为中意的品种来种植的。

育苗可以采用易于掌控温度的花盆栽培法。4月上旬,在花盆底部铺上钵底石,装入一半量的营养土,将种薯排列于其中不留空隙,然后加土覆盖,至种薯全部埋入土中,浇足水分。放置在最低温度为15℃、午间温度在25℃左右的地方。干燥时浇水,低温时加盖塑料薄膜保温。经过50~60天,苗长到30厘米左右时就可以采苗了,剪下的苗可以栽种到地里。采苗后,种薯会再长出新苗,还可以继续采苗,一直延续到6月中旬。

山药

［薯蓣科］

⚠ 重点提示

茎蔓生长茂盛，需竖杆搭架加以诱导。

基肥

石灰土（含镁、钙）150~200克/米², 堆肥2千克/米², 化肥100克/米²。

追肥

化肥30克/米², 从种植1个月后开始每月追肥1次。

连作建议

以隔3~4年再种为好。

难易度 易 中 难

栽培速成

1 种植
挖深约20厘米的种植沟，按50厘米的株距种植种薯。

2 竖杆搭架，诱导茎的生长
茎开始伸长时，竖立支杆，让茎蔓缠绕生长。

3 追肥
从种植1个月后开始，每月追肥1次并培土。

4 采收
叶色变黄枯萎后，将地上部分的茎叶割去，挖出山药。

栽培月历

●播种 ○移栽 ▲间苗＋追肥 ■采收 ◆主要病害
◇主要害虫 △其他

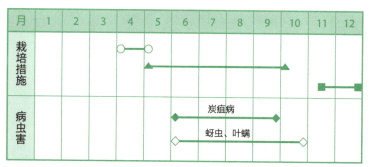

Q1 山药都有什么品种呢？

A ①长山药：山药的代表性品种，黏度弱，咀嚼时有脆爽的感觉。②银杏山药：根如手掌（银杏叶般）般扁平、阔展，比长山药黏一些，在日本关东地区被称作"大和芋"。③圆形或拳形山药：在日本以关西地区为中心广泛栽培，"丹波芋""伊势芋"是当地的著名品牌。黏度高、有细腻的肉质感是它的特征。④自然薯：原产于日本的、在山野中自然生长的山药，商品名叫"山芋"，市售的种薯可以在大田种植，长2~3米，具有极强的黏性。

Q2 什么样的土壤适宜种植山药？

A 土壤必须深耕。特别是长山药和自然薯等细长型的山药，要在深耕细耙的基础上种植。基肥以堆肥等有机肥为主，施足肥，使土壤呈松软状态。

Q3 用山药零余子可以繁殖吗？

A 零余子是叶腋处长出的侧芽的一种（珠芽），是与种薯、种子并列的繁殖器官，种植零余子也能结出山药。但是，从开始种植零余子到获得山药要经过2年时间。第1年春天种植的零余子，秋天采收山药，挖出后贮藏好，把它作为种薯在第2年春天再种植，到秋天终于获得大而可食用的山药。

Q4 耕土层浅，不能深耕怎么办？

A 长形山药品种，可以将铁皮板、塑料波浪板埋入土中来种植山药，这样即使在不能深耕的田块里也能种植了。也可埋入氯乙烯树脂制成的管子，便能获得笔直的山药。

用塑料制成的波浪板

红根甜菜

[藜科]

⚠ 重点提示

不喜欢酸性土壤，适合 pH 为 6.0~7.0 的弱酸性土壤。

基肥

石灰土（含镁、钙）150~200 克 / 米², 堆肥 2 千克 / 米², 化肥 100 克 / 米²。

追肥

化肥 30 克 / 米², 分 2 次追肥, 分别在第 2、第 3 次间苗之后进行。

浇水

播种时浇足浇透水。

连作建议

以隔 1~2 年再种为好。

难易度

栽培速成

1 播种

按行距 20~30 厘米、株距 2~3 厘米的间隔播种。

2 间苗①

双子叶展开时，按 4~6 厘米的间隔进行间苗并培土。

3 间苗②、追肥①

真叶 3~4 片时，按 6~8 厘米的间隔进行间苗，追肥并培土。

4 间苗③、追肥②

真叶 6~7 片时，按 10~12 厘米的间隔进行间苗，追肥并培土。

5 采收

当根的直径达到 5~6 厘米时进行采收。

栽培月历

●播种　○移栽　▲间苗 + 追肥　■采收　◆主要病害
◇主要害虫　△其他

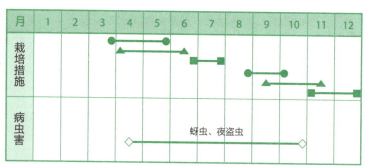

Q1 播种后没有发芽，这是怎么回事？

A 原因从以下几方面考虑：红根甜菜不耐酸性，在酸性土壤中有时会出现发芽不良的现象。通常施石灰土 150~200 克 / 米^2，将 pH 调整到 6.0~7.0。如果还担心，就在种植之前测一下土壤的酸碱度。

种皮坚硬也是其难以发芽的一个原因。播种前浸种 12 小时以上，使种皮变软，有利于发芽。另外，红根甜菜喜欢比较凉爽的气候，适宜于春秋栽培，气温过高或过低有时不能发芽。

Q2 1 个穴里为什么发出多个芽？

A 被称为红根甜菜种的实际是"果实"，是由坚硬的种皮包裹的聚集着 2~3 粒种子的果实。因此会出现同一穴里长出多个芽的现象。

播种间距要稍稍扩大一点，间隔 2~3 厘米播种，长出多芽的地方要仔细地间苗。

Q3 根不粗是怎么回事？

A 间苗不足会限制根的膨大，通过多次间苗，最终株距达到 10~12 厘米。间苗时株距看着过大，给人以稀疏的印象，但随着生长，叶片会繁茂，根也会膨大粗壮。

另外，缺肥也是原因之一，应该加以考虑。除了在第 2、第 3 次间苗时进行追肥之外，视植株的生长情况，可以加增 1 次追肥。

Q4 请教一下红根甜菜的烹饪方法。

A 洗净红根甜菜，不剥皮水煮 1 小时，用竹签扎一下，可以穿透说明煮软了，就可以停火了，连汤一起冷却后就完成了。去皮后可以做成红菜汤、沙拉等。红根甜菜是甜菜（砂糖萝卜）的一种，略带甜味，煮出的汁呈红紫色，会从切口处溢出。

姜

[姜科]

 重点提示

从笔姜到根姜，共有 3 个采收时期。

基肥

石灰土（含镁、钙）150 克 / 米²，堆肥 2 千克 / 米²，化肥 100 克 / 米²。

追肥

化肥 30 克 / 米²，种植 1 个月后开始每月追肥 1 次。

浇水

干旱期浇水作用大。

连作建议

以隔 4~5 年再种为好。

难易度 易 （中） 难

栽培速成

1 种植

选择芽头饱满、没有病害侵蚀的粗壮姜块作为种姜。

2 追肥

种植 1 个月之后开始追肥，每月追肥 1 次并培土。

3 采收

初夏时节采收笔姜，盛夏时节采收叶姜，晚秋时节采收根姜。

栽培月历

●播种 ○移栽 ▲间苗 + 追肥 ■采收 ◆主要病害
◇主要害虫 △其他

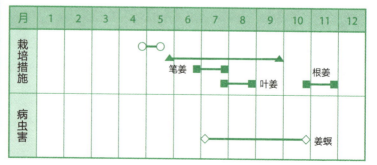

月	1	2	3	4	5	6	7	8	9	10	11	12
栽培措施				○—○		▲———————————————▲						
					笔姜 ■————■		■ 叶姜		根姜 ■————■			
病虫害						◇————————————————◇ 姜螟						

Q1 不发芽是怎么回事?

姜的栽种时期对发芽是有影响的。姜喜欢高温多湿的气候,10℃以下的低温,姜块容易腐烂。种植的适期是最低地温达到15℃的4月下旬~5月上旬。姜厌嫌连作,选择4~5年没种过姜的地块来种植是很重要的。从种植到发芽大约需要30天,所以先用盆钵等种植,发芽后再移栽也是好的办法。操作顺序如下:①在容器中装入营养土,将种姜置于其中,覆盖土壤,以看不见种姜为宜。②用塑料薄膜或防雨布覆盖保温。③发芽后,在芽长7~8厘米时挖出姜块,移栽到大田中。因保证了只有发芽的姜块种到大田中,既避免了不发芽现象的发生,又使大田得到有效的利用。

Q2 在酷暑持续的夏天,植株出现蔫软现象怎么办?

在姜的栽培过程中,伴随着暑热必须加湿,这非常重要。梅雨季过后,在地面铺上稻草或其他草类,以防干燥,每周浇1次水,这些管理措施会提高产量。

Q3 什么时期采收好呢?

姜的采收期很长,每个时期采收的姜,用途也是各不相同。首先,6~7月采收的姜芽称为笔姜,因为此时的植株形如笔似箭,所以也称为矢姜。在植株高15厘米、3~4片叶展开时,只将姜芽切取、拔出。为了不把种姜带出来,可用一只手按住地面取芽。姜芽清爽的辣味和啤酒的味道很匹配。其次,7月下旬前后采收的是叶姜(嫩姜),此时叶片达到7~8片,要将数根分枝一起拔出来。叶姜可以直接或作为辅料用来腌制咸菜,味道鲜美,很受欢迎。

叶姜采收后,为了防止干旱,留下的姜要铺上稻草等覆盖物,浇足水分,让块茎继续膨大。到了10月下旬~11月就可以采收根姜了。用铁锹等工具挖出,切去茎叶后保存。"陈姜"指的是春天种植之后再取出的种姜,姜味足,研磨后可以入药。

白菜

[十字花科]

基肥

石灰土（含镁、钙）100~150 克／米^2，堆肥 2 千克／米^2，化肥 100 克／米^2。

追肥

化肥 30 克／米^2，追肥从移栽 2 周后开始，每 2 周追肥 1 次。

浇水

播种或定植时浇足水。

连作建议

以隔 2~3 年再种为好。

难易度 ~

栽培速成

1 播种
在营养钵中装入土，播种 4~5 粒种子。

2 间苗①
双子叶展开时间苗，保留 3 棵。

3 间苗②
真叶 2~3 片时间苗，保留 2 棵。

4 间苗③
真叶 3~4 片时间苗，只留下 1 棵。

5 移栽
连苗带土，将整个根钵移栽。

6 追肥
栽植 2 周后开始追肥，之后每 2 周追肥 1 次并培土。

7 采收
手压白菜，感觉结球硬实时就可采收。

8 防寒措施
霜降后，用白菜外围叶片包住菜心，再用绳子捆扎，可以在大田中保存到 1 月中旬。

栽培月历

●播种 ○移栽 ▲间苗 + 追肥 ■采收 ◆主要病害
◇主要害虫 △其他

月	1	2	3	4	5	6	7	8	9	10	11	12
栽培措施	■							●● ○○		■		
								▲	▲			
病虫害								根瘤病、软腐病 ◆━━◆				
								蚜虫、小菜蛾 ◇━━◇				

Q1 直播和营养钵育苗哪个好?

A 本来,白菜是不适合移栽的,但如果用营养钵播种,可以做到移栽时不伤根,所以推荐采用营养钵育苗移栽。

如果是直播,在8月下旬~9月上旬暑热还没有完全消退的残暑期就必须耕作,操作起来还是很费力的。采用营养钵育苗,既节省劳力又便于苗期管理,还可以使大田得到有效利用,其优点是很多的。

如果用营养钵播种,依照下面的顺序来进行育苗、移栽:①每钵播4~5粒种子。②在钵内间苗3次。当双子叶完全展开时进行第1次间苗,保留3棵;当真叶2~3片时进行第2次间苗,保留2棵;当真叶3~4片时进行第3次间苗,只留下1棵。间苗时,为了不伤及保留苗的根,要谨慎操作。③当真叶长到5~6片时,就可以向大田移栽了。要注意连苗带土,保持整个根钵不松散地移栽。

Q2 白菜帮(叶柄)上有许多芝麻粒状的斑点,这是怎么回事?

A 产生这种症状的病害有几种,确定起来比较困难。但是,只在叶柄上发生的就不是由病原菌引起的,应该属于生理障碍,称为大白菜小黑点病(或为大白菜芝麻状斑点病)。在叶柄和绿叶上产生黑色的斑点,如黑芝麻散布其上,外观上不好看,主要原因是氮肥过剩、温度控制不当、采收过迟等。

另外,微量元素缺乏,有时也会出现此症状。所以,重要的是改善土壤,培肥地力。带黑点的白菜是不影响食用的。

Q3 叶片渐渐萎蔫,植株看上去没精神。

A 单就这个问题,难以做出判断。叶片萎蔫,首先想到的是根瘤病。初期症状是,晴天里白天萎蔫,傍晚恢复,多日循环反复之后,植株急剧衰弱,最终无计可施。拔出植株一看,根肿大长有瘤子。根瘤病是十字花科蔬菜因连作而产生的障碍中最令人烦恼的病害之一。酸性土壤、排水不良、连作等因素是发病的主要原因。因为其病原菌在土壤中传播，所以发现症状时，一定要尽早处理病株。

Q4 已经 11 月中下旬了，还不结球，这是因为什么？

A 都 11 月下旬了还没结球？真令人遗憾！种植白菜，遵守播种适期是很重要的一点。白菜生长发育的适宜温度是 20℃左右，结球喜好在凉爽的气候条件下进行，适宜温度是 15~17℃。如果早播，则容易引起病虫害发生；若晚播，11月之后遇到低温时，花芽形成而不再结球——白菜有这个性质。

把握自己所在地域的播种适期，是防止白菜不结球的关键。

没有结球的白菜，第 2 年春天会抽薹开花，所以留下植株越冬也是好主意。白菜的植株很大，可长出多个花茎，给它命名为"万岁白菜"，既带有对它束手无策的意思，又因其菜花盛开而带有幸运的意思。

没有结球的白菜在第 2 年春天可以带来抽薹开花的乐趣

Q5 结的白菜比较小。

A 开始结球时白菜植株的大小决定结球的大小。因此，开始结球时要保证株距在 40~45 厘米，单棵独立，并且要追肥 2 次，这是结球期的管理要点。只要结球紧实，植株小点也要采收。

栽培速成

1 播种

按 1 厘米左右的间隔进行播种。芥菜等大棵蔬菜，也可按 10~20 厘米点播，经间苗最终保留 1 棵的栽培方法。

2 间苗

双子叶展开时，按 3~4 厘米的间隔进行间苗并培土。

3 追肥

真叶 4~5 片时追肥并培土。芥菜等在间苗至 10 厘米的株距时，进行第 2 次追肥与培土。

4 采收

株高 20~25 厘米时采收。芥菜等培育到株高 30~40 厘米时采收，也有的只采收外围叶片。

⚠ 重点提示

小松菜类是撒种就能生长的青菜，很少失败，需要注意的是厚播。

基肥

石灰土（含镁、钙）150 克/米^2，堆肥 2 千克/米^2，化肥 100 克/米^2。

追肥

化肥30克/米^2，真叶4~5片（株高7~8厘米）时追肥1次。

浇水

发芽前不能干燥，大田种植遇干旱时浇水。

连作建议

以隔 1~2 年再种为好。

难易度

小松菜等用于腌渍的菜类

[十字花科]

栽培月历

●播种 ○移栽 ▲间苗＋追肥 ■采收 ◆主要病害
◇主要害虫 △其他

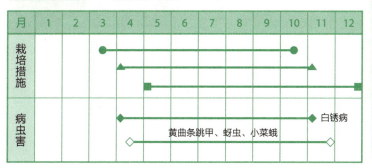

月	1	2	3	4	5	6	7	8	9	10	11	12
栽培措施			●――――――――――●―――――――									
病虫害			◆―――――――――◆ 白锈病　　◇―――――――――黄曲条跳甲、蚜虫、小菜蛾									

Q1 所谓的用于腌渍的青菜指的是什么？它包括哪些蔬菜？

A 所谓的腌渍菜，指的是十字花科诸如白菜、小芜菁等同类蔬菜中不结球的、用来制作腌渍菜的青菜。

这类蔬菜有很多地域品种，都各有当地的特色。代表性的日本品种有信州的野泽菜，京都的水菜、壬生菜，广岛的广岛菜，福冈的胜男菜。关于京都的水菜，本书单独列出，请参见第 102~103 页。

Q2 一次种得太多了，吃不了怎么办？

A 用于腌渍的青菜，除严冬之外在一年中的大多时间都可以种植，并且播种后 1~2 个月就可以采收，所以是最容易种植的蔬菜。一次播种大量的种子，经间苗采收或分次采收，一点儿都不会造成浪费。

要想延长采收期，就要有计划地播种。寒冷时期要等 1~2 周再播种比较好，因为 1 周内只要温度上升，生长速度就会加快。采收后过多的部分可以分给别人，也可用于腌渍咸菜，不浪费又好吃。

Q3 叶表面出现白色的斑点，这是怎么回事？

A 如果是在小松菜、青梗菜等上发生，最大的可能性是白锈病。该病与白粉病、灰霉病等一样，是由丝状菌（真菌）引起的，春、秋两季发病严重，高温期有减轻的倾向。排水不良、种植密度过大等都是发病的原因，所以，在管理措施上要适当地仔细间苗，浇水时不要浇在叶片上，要浇在植株的基部。

白锈病

症状继续扩展时，叶片变黄，最终枯萎。受害叶片摘除后应进行妥善处置。

Q4 ▶ 叶片上有散落的小圆孔，这是怎么回事？

A 在喜食十字花科蔬菜的害虫中，留下上述食害痕迹的是黄曲条跳甲的成虫。成虫是体长 2 毫米的小虫子，它的幼虫啃食芜菁和萝卜的根。幼苗受害容易发现，可以张挂一定孔细目的防虫网来阻止成虫飞来飞去。

受害的叶片上形成多个孔穴，但还可以食用。

黄曲条跳甲的成虫

Q5 ▶ 小松菜采收时，发现根上长有瘤状物。

A 这是十字花科蔬菜因连作而引发的根瘤病。对于像小松菜这样生育期短的蔬菜种类，发生根瘤病也勉强可以坚持到采收；而对于像白菜、甘蓝、西蓝花这样生育期长的蔬菜种类，若发病就是致命的，所以必须注意。

防治措施有：用石灰氮进行土壤消毒，轮作，选用品种名上带有 "CR"字样的抗病性品种，大量施用有机肥等。有关根瘤病可参见第 97 页的 Q3。

Q6 ▶ 想在 1~2 月种植，可以种什么呢？

A 用塑料薄膜拱棚来栽培小松菜怎么样？在寒冷的冬天，最低温度达到 0℃以下时，如果露地播种，发芽会很困难，那就采用无孔塑料薄膜拱棚来进行密封式栽培，它能保证夜间温度达到 3℃以上。畦宽 100~120厘米，按行距 20~30 厘米分 4 行条播，浇足水后铺上不织布，再外层是无孔的塑料薄膜拱棚。发芽之前都不要打开拱棚，间苗、追肥的操作与露地栽培相同。从播种到采收需要 2 个月的时间。关于防寒材料，可参见第 185页的 Q6。

水菜

[十字花科]

 重点提示

需轻度防寒避霜。

基肥

石灰土（含镁、钙）150 克/米²，堆肥 2 千克/米²，化肥 100 克/米²。

追肥

化肥 30 克/米²，小株采收的在株高 7~8 厘米时追肥 1 次，大株采收的在间苗成 1 棵时再追肥 1 次。

浇水

发芽前浇足水分。

连作建议

以隔 1~2 年再种为好。

难易度 易 中 难

栽培速成

1 播种

小株采收的按 1 厘米左右的间隔进行条播，大株采收的按 30 厘米的间隔进行点播，多次间苗，最终保留 1 棵。

2 间苗

双子叶展开时，按 3 厘米的间隔进行间苗并培土。大株采收的分 3 次间苗：在双子叶展开时保留 3 棵，真叶 3~4 片时保留 2 棵，真叶 6~7 片时保留 1 棵并培土。

3 追肥

株高 7~8 厘米时追肥并培土。大株采收的在间苗保留 1 棵时，再次追肥并培土。

4 采收

株高 25 厘米时采收。大株采收的，当植株基部充分张开时就可以采收了。

栽培月历

● 播种　○ 移栽　▲ 间苗 + 追肥　■ 采收　◆ 主要病害
◇ 主要害虫　△ 其他

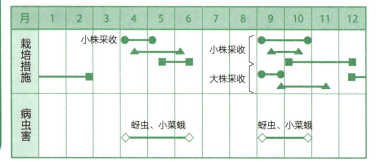

Q1 叶尖变成茶褐色了，这是怎么回事？

A 这是遇霜寒导致的吧。在经霜变得好吃的叶菜中，水菜的耐寒性稍微差些。用覆盖寒冷纱这种防弱寒的方法，就可以避开霜寒。

Q2 水菜用来制作沙拉等生吃时，采收的标准是什么？

A 水菜备受欢迎的原因就是可以用其做成沙拉。用于生食的水菜，其栽培法称为"小株采收"，株高 25 厘米左右是采收的标准。另外，也能采收株高 10 厘米左右的菜苗（嫩叶菜）。近年来，适合小株采收的品种渐渐多了起来。

Q3 如何培育大株水菜？

A 水菜原本可以从植株基部发出数百条茎叶，长成 4~5 千克的大株，所以也被称为"千筋京菜"。"大株采收"的方法如下：①种子按 30 厘米的间距点播，每处 7~8 粒。②双子叶展开时进行间苗，保留 3 棵。③真叶 3~4 片时再次间苗，保留 2 棵，追肥 1 次。④真叶 6~7 片时只保留 1 棵，第 2 次追肥并培土。⑤当植株基部充分张开时，就可以采收了。

大株水菜，即便稍遇霜寒，植株中心附近的叶片仍是健康的。

Q4 请教一下壬生菜的栽培方法。

A 壬生菜是水菜的变种，叶片呈细长勺状，无缺刻。用来腌渍成的一夜渍、千叶渍等，是日本京都的特产。其栽培方法与大株水菜相同。培育成的大株，味道更好。

壬生菜

青梗菜

[十字花科]

⚠ 重点提示

保持株距 10~15 厘米的宽度，以利于植株基部变粗。

基肥

石灰土（含镁、钙）100~150 克 / 米^2，堆肥 2 千克 / 米^2，化肥 100 克 / 米^2。

追肥

化肥 30 克 / 米^2，分别在第 2、第 3 次间苗之后追肥，共计 2 次。

浇水

发芽之前都要好好浇水，干旱严重时浇水。

连作建议

以隔 1~2 年再种为好。

难易度

栽培速成

1 播种

按 1 厘米左右的间隔进行播种。

2 间苗①

双子叶展开时，按 3~4 厘米的间隔进行间苗并培土。

3 间苗②、追肥①

真叶 2~3 片时按 5~6 厘米的间隔进行间苗，第 1 次追肥并培土。

4 间苗③、追肥②

真叶 5~6 片时，按 10~15 厘米的间隔间苗，第 2 次追肥与培土。

5 采收

叶长 10~15 厘米，植株基部膨大时就可以采收了。

栽培月历

●播种 ○移栽 ▲间苗 + 追肥 ■采收 ◆主要病害
◇主要害虫 △其他

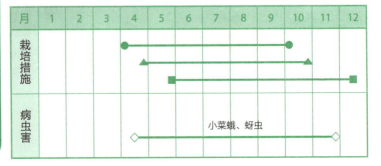

Q1 把间下来的苗作为移栽苗，可总长不大，这是怎么回事？

A 蔬菜中有的种类能通过移栽来栽培，有的不能；有的会因移栽受到或大或小的损伤。像萝卜、胡萝卜等直根类的蔬菜是不能移栽的，只能直播。可以移栽的蔬菜中，甘蓝、花椰菜等耐移栽，而青梗菜、小松菜等不耐移栽。因此，这种情况下一定要考虑移栽损伤这一因素。间苗时，取下来的苗根被切断，从重新栽植到新根长出，生长发育是处于中断状态的。因此，移栽时要尽可能地不切断根，在植株周围挖大一点的坑来起苗。另外，植株的大小不同，受损伤的程度也不同。从双子叶到1~2片真叶的小苗比较容易成活。高温期和干旱期移栽，也是植株受伤的原因。关于移栽请参见第173页的Q12。

Q2 植株基部不膨大，这是怎么回事？

A 是因为株距不足造成的吧。青梗菜栽培的适宜株距是10~15厘米，第1次在双子叶展开时，按3~4厘米间隔间苗；第2次在真叶2~3片时，按5~6厘米间隔间苗；第3次在真叶5~6片时，按10~15厘米间隔间苗。另外，应在第2、第3次间苗的同时进行追肥，以促进植株生长发育。

Q3 分次分批采收，最后的长得巨大。

A 植株采收的标准，应参考超市等售卖的要求。采收过迟，植株老化、空心，味道、口感都会欠缺。所以，从播种到采收45~50天是采收适期。

巨大的青梗菜

甘蓝

[十字花科]

! 重点提示

因食叶害虫有很多，使用防虫网是有效的预防措施。

基肥

石灰土（含镁、钙）100~150克/米^2，堆肥2千克/米^2，化肥100克/米^2。

追肥

化肥30克/米^2，追肥从移栽2周后开始，每2周追肥1次（共计3~4次）。

浇水

移栽时浇足浇透水。

连作建议

以隔2年再种为好。

难易度 易 中 难

栽培速成

1 播种

每个营养钵内播种4粒种子，发芽后间苗保留3棵，2~3片真叶时保留2棵，4~5片真叶时只保留1棵。

2 移栽

按照株距40~45厘米的间隔进行移栽。

3 追肥

从移栽2周后开始，每2周追肥1次，共追肥3~4次并培土。

4 采收

手压甘蓝，结球硬实时就可以采收了。

栽培月历

● 播种　○ 移栽　▲ 间苗 + 追肥　■ 采收　◆ 主要病害
◇ 主要害虫　△ 其他

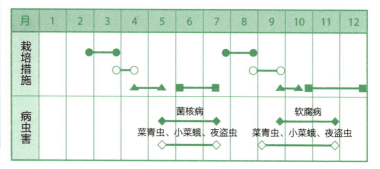

Q1 品种名上标有"CR""YR"字样，是什么意思？

A "CR"是抗根瘤病品种、"YR"是抗黄萎病品种的简称。无论标有哪种简称，都意味着该品种对十字花科蔬菜因连作障碍而引起的这些病害有抵抗能力。在以前发过病的地块上选用抗病品种，受害可以减轻。但是，所谓的抗性品种也不是万能的，还是要尽力避免连作，有计划地进行轮作，这是明智之举。

Q2 如果 11 月上旬购苗移栽，第 2 年春天开花了，这是怎么回事？

A 这个时期上市的苗采用秋播（晚秋移栽）春收的栽培方式，它与夏播秋收的栽培方式相比，因有使苗安全越冬的成分在内，所以在栽培上更困难一些。

为了取得好的收成，一般选择大苗。但在购买时，如果叶片已有十几片，这样的苗遭遇严寒的反应就是形成花芽，在第 2 年春天，就会抽薹开花。如果选 6~7 叶的苗，3 月之后进入快速生长期，是能够结球的。如果选叶片数目更少的苗，往往因抵御不了冬天的寒冷而枯萎。所以，选择能越冬的苗，叶片数在 10 片以下，最好是移栽后稍微生长就迎来了冬天。

Q3 下部叶片变黄，老叶枯萎，只留下新叶，这是为什么？

A 如果是移栽后经过 2~4 周出现上述症状，可能是黄萎病。它是十字花科蔬菜因连作而容易引发的病害之一。叶片的左右两侧有一侧变黄，进而开始卷曲，最终枯萎死亡，是致命性的病害。切取病叶，会发现导管（水分和养分的通道）变成褐色，这是黄萎病的特征。甘蓝与西蓝花连作，在23~28℃的高温期多容易发病，所以夏播蔬菜要注意。当温度在 17℃以下时，就不发病了，所以在低温期受害减轻。

防治措施如下：①避免连作。②土壤缺钾时容易发生，所以要为土壤补钾。③拔除病株专门处理。④对已发生过黄萎病的田块，要选择种植标有"YR"的品种（抗黄萎病品种）。

Q4 2 周没关注，甘蓝的叶片就变成花边状的了，这是怎么回事?

A 甘蓝是害虫特别喜欢吃的蔬菜，有时被吃得只剩下叶脉。为害的害虫有菜青虫、夜盗虫、小菜蛾。从上述问题看，可能是 3 种害虫共同为害的结果。蔬菜的生长发育期正好也是害虫的生长发育期。防治措施有覆盖寒冷纱、及时发现及时捕杀。

蛾蝶类的鳞翅目幼虫，用 BT 菌防治有效。利用微生物制成的 BT 菌剂，不污染环境，对人体也无害。即便如此，放任 2 周不管理也有些过分了，还是间隔短一点的时间、多巡视几次比较好。

Q5 移栽后的苗整个地上部分断掉、枯萎了。

A 这是切根虫为害的结果。切根虫有很多种，像金龟子、夜盗蛾的幼虫也可称作切根虫。其啃食根或茎，造成植株不能生长，进而倒伏、枯萎死亡。莴苣、甘蓝、西蓝花等叶菜类常受到为害，多发生在 4~9 月。

挖开受害植株茎基部的土壤，寻找幼虫，一经发现，立即捕杀。

金龟子幼虫

栽培速成

1 播种

每个营养钵内播种 4 粒种子，发芽后间苗保留 3 棵，2~3 片真叶时保留 2 棵，4~5 片真叶时只保留 1 棵。

2 移栽

其生长发育适宜的温度是 15~20℃，喜好凉爽的气候。秋天移栽时要注意虫害。

3 追肥

从移栽 2 周后开始追肥，之后每 2 周追肥 1 次并培土。

4 采收

对于西蓝花来说，其顶部花蕾直径达到 10~15 厘米时就可以采收了。为了促进侧花蕾的生长发育，要再次追肥，当侧花蕾直径达 3~5 厘米时就可以采收了。对于花椰菜来说，花蕾直径达 15 厘米左右时就可以采收了。

！重点提示

适时追肥以采收大的花蕾。

基肥

石灰土（含镁、钙）100~150 克 / 米^2，堆肥 2 千克 / 米^2，化肥 100 克 / 米^2。

追肥

化肥 30 克 / 米^2，追肥从移栽 2 周后开始，每 2 周追肥 1 次。

浇水

移栽时浇足浇透水。

连作建议

以隔 2 年再种为好。

难易度

西蓝花、花椰菜
[十字花科]

栽培月历

●播种 ○移栽 ▲间苗 + 追肥 ■采收 ◆主要病害
◇主要害虫 △其他

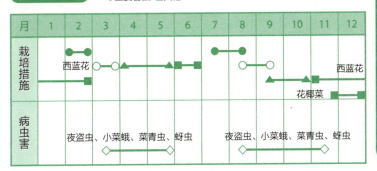

月	1	2	3	4	5	6	7	8	9	10	11	12
栽培措施		●—● 西蓝花	○—○	○	▲	■	●—●	○	▲	▲—■ 西蓝花 花椰菜		
病虫害		夜盗虫、小菜蛾、菜青虫、蚜虫 ◇—△					夜盗虫、小菜蛾、菜青虫、蚜虫 ◇—△					

Q1 西蓝花植株的茎弯曲了，像是要倒的样子，这有没有关系？

A 西蓝花的植株长至 50~60 厘米高时，头大而重，容易倒伏。如果遇台风就横向倒伏了，经常从基部再长出新的健壮植株。倒伏是由于根部培土不足造成的。

在追肥和中耕的同时，应给植株基部好好地培土。如果植株倒伏了，要重新扶正并培土。株数少时用支杆支撑比较好。

Q2 西蓝花的花蕾变成紫色，这是不是病害？

A 不必担心，这是由于遇寒，花青素显现而使花蕾变紫，对品质完全没有影响。并且如果水煮，花青素会消失变成绿色。如果一定要采收绿色花蕾，那就选择产生花青素少的品种吧。

遇寒，外叶和花蕾带有紫色

Q3 西蓝花的花蕾小是怎么回事？

A 可能是因为移栽过早。初春时没有保温措施而过早地播种、老化苗在低温期过早地移栽都会发生此现象。总之，就是在植株还没有充分长大之前遇到低温而花芽完成了分化。西蓝花虽然喜欢寒冷的气候，但忌早播、早移栽。春播栽培的，在 2~3 月播种时，要有能达到 12℃ 以上的保温措施。这一现象在花椰菜栽培中也时常遇到，导致花蕾长不大、形状不好、口感也差。所以，适时播种和定植是重要的。

Q4 想让西蓝花结出侧花蕾，但没有成功。

A 西蓝花除植株顶部能结出花蕾外，其侧芽生长也能结出花蕾（侧花蕾）。最近，由于品种的不断分化，培育出了只采收顶花蕾的品种和顶花蕾、侧花蕾皆采收的兼用品种。因此，想让西蓝花结出侧花蕾，就要在种植前先确定所种品种是否是兼用品种比较好。

如果是兼用品种，在顶花蕾采收后，由于肥料不足会造成侧花蕾没有生长。所以，为了侧花蕾的生长发育，在顶花蕾采收后要及时追肥。另外，采收顶花蕾时，按10~15厘米的标准来切断茎柄，保留下部叶片，因为侧芽会从叶与叶之间伸出、长大。

侧芽生长结出侧花蕾

Q5 花椰菜的花蕾不是白色，是怎么回事？

A 花椰菜的花蕾呈奶油色是阳光照射的结果。刚刚结出花蕾时，花蕾被周边的叶片包裹，阳光照不到，所以呈白色。要想花蕾不被阳光照射，可以折起周围的叶片进行包裹。

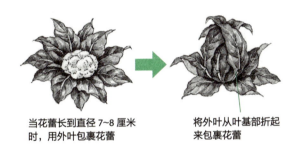

当花蕾长到直径7~8厘米时，用外叶包裹花蕾

将外叶从叶基部折起来包裹花蕾

Q6 请问采收的时机是什么时候？

A 西蓝花也好、花椰菜也好，都是以采收致密而柔嫩的花蕾来食用的花菜类。花蕾紧紧地聚拢在一起时是最好吃的时候。当花蕾整体继续膨大，单个花蕾一个一个地清晰可辨时，再采收就晚了。

嫩叶菜

[十字花科、菊科等]

! 重点提示

推荐采用条播，间苗及追肥等管理操作容易进行。

基肥

石灰土（含镁、钙）100~150 克 / 米^2，堆肥 2 千克 / 米^2，化肥 100 克 / 米^2。

追肥

在采收后施用化肥 30 克 / 米^2。

浇水

播种后浇足浇透水。

连作建议

以隔 1~2 年再种为好。

难易度

栽培速成

1 播种

按 10~15 厘米的行距开沟，按 1 厘米的株距播种。

2 间苗

双子叶展开后，按 3 厘米的间距间苗并培土。

3 采收

当株高 10~15 厘米时，保留靠近地面的生长点，只摘取叶片。

4 追肥

采收后追肥。

栽培月历

●播种 ○移栽 ▲间苗 + 追肥 ■采收 ◆主要病害
◇主要害虫 △其他

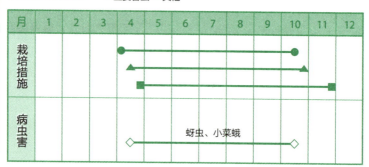

月	1	2	3	4	5	6	7	8	9	10	11	12
栽培措施				●———————————————————●						▲		
				▲———————————————————								
				■——————————————————————————■								
病虫害				◇———— 蚜虫、小菜蛾 ————◇								

Q1 哪些蔬菜可作为嫩叶菜来种植采收呢？

A 大多是十字花科、菊科等叶菜类的蔬菜。除此之外，菠菜、莙达菜也是常见的嫩叶菜。红根甜菜虽属根菜类，但其红色叶柄美丽，摘食嫩叶也很不错。同时培育几种叶色、形状各不相同的蔬菜，可以享受不同感观和食味带来的乐趣。在意大利和法国常将几种嫩叶菜混合种植，采收上市后称为"法国蔬菜沙拉"。

Q2 市面上买来的蔬菜种可以用来种植吗？

A 市面上出售的、没有经过消毒的嫩叶菜类种子，是可以买来直接种植的。但市面上售卖的大多是为了使蔬菜快速生长、提高产量的消毒的种子，以采收嫩菜叶为目标进行的蔬菜栽培，应尽量避免使用这类种子。

Q3 间苗有没有诀窍？

A "法国蔬菜沙拉"式栽培（多种蔬菜种子混合种植），间苗时要保证让每种蔬菜遍地生长。当十字花科蔬菜与菊科蔬菜混合种植时，因十字花科蔬菜发芽早、生长快，给发芽晚的菊科蔬菜的生长带来不利影响，所以有时会通过间苗来加以改善。

十字花科与菊科蔬菜，从双子叶的形态不同就可以区分。间苗时要留意蔬菜的叶形和叶色。

正确间苗可以让各种蔬菜均衡生长

Q4 常为害虫困扰，怎么办？

A 嫩叶菜除冬天的一段时间外，几乎全年都能栽培，简单而容易是嫩叶菜栽培的特征。但是，十字花科的蔬菜种类繁多，害虫的为害贯穿于整个栽培期，这也是嫩叶菜的一大特征。因为嫩叶菜是采收嫩叶来食用，所以应尽可能地不依赖药剂来培育。播种之后罩上防虫网是较好的防虫方法。

菜薹

[十字花科]

！ 重点提示

适期播种，培育大株，让花茎尽可能地伸展。

基肥

石灰土（含镁、钙）100~150克/米², 堆肥2千克/米², 化肥100克/米²。

追肥

化肥30克/米²。在第2、第3次间苗后各追肥1次；开始采收后，每2周追肥1次。

浇水

在开始抽薹的春天，适时浇水。

连作建议

以隔1~2年再种为好。

难易度 易 中 难

栽培速成

1 播种

按1厘米的株距播种。

2 间苗①

双子叶展开后，按3~5厘米的间距间苗并培土。

3 间苗②、追肥①

真叶2~3片时，按6~10厘米的间距间苗、追肥并培土。

4 间苗③、追肥②

株高5~10厘米时，按15~20厘米的间距间苗、追肥并培土。

5 采收

日本本地菜薹、西洋菜薹，在开花前的花蕾饱满时采收，中国系菜薹在花开放1~2圈时的花茎处折断采收。

6 追肥③

开始采收后每2周追肥1次。

栽培月历

●播种 ○移栽 ▲间苗+追肥 ■采收 ◆主要病害
◇主要害虫 △其他

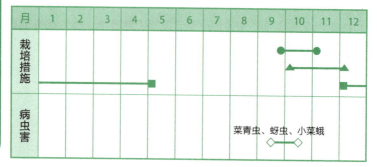

月	1	2	3	4	5	6	7	8	9	10	11	12
栽培措施					■				●———●	▲	▲	■
病虫害								菜青虫、蚜虫、小菜蛾	◇———◇			

Q1 即使同期播种，采收期也不同，这是因为品种不同的原因吗？

A 采收十字花科蔬菜的花茎和花蕾作为美味蔬菜来食用，这类蔬菜统称为菜薹。菜薹有几个品系，对温度的要求有所不同，采收期也略有差异。

①**中国系菜薹**：红菜薹、菜心、西蓝薹等原产于中国的菜薹，即使不耐寒冷也能够抽薹，所以全年内都可以采收。从花开放 1~2 圈时的花茎处折断采收。若采收晚了，花茎就坚硬了。

②**日本系菜薹**：是芜菁、白菜的同类，在日本自古以来就有栽培。叶片为黄绿色、微微带有独特的苦味。2 月下旬 ~4 月上旬是采收期，在开花前花蕾幼嫩时采收。

③**西洋菜薹**：是甘蓝类与日本本地菜薹品种杂交产生的品种。叶绿肉厚，产量高，带甜味。采收适期是 3 月下旬 ~5 月上旬，不能再晚。即便是在花茎刚刚开始伸长时也能采收，这可以确保获得幼嫩的花茎、叶。有甘蓝型油菜等，也有最近从欧洲引入的新品种。

Q2 发芽后被害虫为害了，怎么办？

A 10 月上、中旬容易受到蚜虫、菜青虫的为害，用防虫网来预防是比较好的措施。播种之后，紧接着给整畦罩上防虫网，以防止害虫的侵入。如果植株高度到达拱棚顶，就摘下防虫网，让植株暴露在寒冷中。

Q3 花茎很细，采收量也不多，怎么回事？

A 这是因为冬天到来之前，没有培育成结实的大棵植株，而这决定着初春时花茎的质量和数量。因此必须适期播种，如果播种晚了，在越冬前没有长成结实的大株，到了春天抽薹就会细长，数量也会减少。

另外，株距小也难以长成大株，所以要多次间苗，直至达到 15~20 厘米的株距。

甘蓝类

[十字花科]

基肥

石灰土（含镁、钙）100 克 / 米², 堆肥 2 千克 / 米², 化肥 100 克 / 米²。

追肥

化肥 30 克 / 米², 从移栽 2 周后开始追肥, 每 2 周追肥 1 次。

浇水

移栽和干旱时浇水。

连作建议

以隔 1~2 年再种为好。

难易度

栽培速成

1 播种
每个营养钵内播种 4 粒种子, 发芽后间苗保留 3 棵, 2~3 片真叶时保留 2 棵, 4~5 片真叶时只保留 1 棵。

2 移栽
在移栽前和移栽后浇足浇透水。

3 追肥
从移栽 2 周后开始追肥, 每 2 周追肥 1 次并培土。分期采收的羽衣甘蓝、抱子甘蓝（芽甘蓝）, 从开始采收起就要坚持追肥与培土。抱子甘蓝要摘除下方的叶片, 以促进球芽生长。

4 采收
抱子甘蓝, 当球芽直径达 2~3 厘米就到了采收适期; 羽衣甘蓝, 当叶片长度达 30~40 厘米时, 就可以采收; 苤蓝, 地表外露球茎达 5~6 厘米时, 就可以采收。

栽培月历

●播种 ○移栽 ▲间苗 + 追肥 ■采收 ◆主要病害
◇主要害虫 △其他

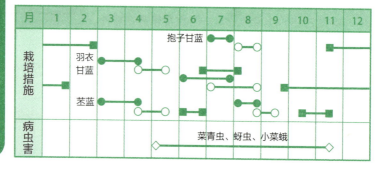

Q1 抱子甘蓝不结球是怎么回事?

A 抱子甘蓝是甘蓝的变种,茎上密密麻麻地结着将来长成直径 2~3 厘米甘蓝的球芽。

因抱子甘蓝耐寒而不耐暑热,所以不能在高温时期栽培。一般采取 7 月播种,8 月定植,11 月中旬~第 2 年 2 月采收的种植模式。

球芽不发育的主要原因先从摘叶不足来考虑。因为球芽是由叶腋处的侧芽生长发育而成的,要想让球芽长大,就

自下而上摘除叶片,促进球芽生长

必须将其下方的叶片摘除。每次摘 4~5 片,伴随着植株的生长,自下向上一片一片地摘除,最终保留上部 10 片左右的叶片。

Q2 请问抱子甘蓝采收的标准是什么?

A 当球芽长到 2~3 厘米且表面绷紧时,就到了采摘适期。从着生的部位剪下,之后继续摘叶和追肥,促进其上部球芽的生长。

Q3 羽衣甘蓝什么时候采收好呢?

A 作为健康蔬菜汁的制作原料,羽衣甘蓝越来越受人们的欢迎。好像什么时候都可以采收,所以对采收适期的判断似乎比较困难。采收的叶片以长30~40厘米为宜。叶片完全展开、叶色越浓绿,营养价值越高。只采收必要的部分——

从着生的部位用剪刀剪下

外叶,采收后追肥。一般榨取1杯蔬菜汁大约需要3片叶。但若一次采收多片叶,会削弱植株的生长势,所以要适量采收。

Q4 羽衣甘蓝都有什么品种?

A 羽衣甘蓝是非结球性的甘蓝,是更接近原种的种类。
羽衣甘蓝分为苏格兰羽衣甘蓝、西伯利亚羽衣甘蓝、羽衣甘蓝等品系。苏格兰品系叶片为灰绿色,卷曲皱褶多;西伯利亚品系叶片为青绿色,卷曲皱褶少。晚生品种具有耐寒性强的特征。日本种植面积最广的是羽衣甘蓝,与结球前的甘蓝很相似,叶片为圆形无皱褶。

Q5 茎蓝的根长不大,是怎么回事?

A 茎蓝的地下球茎,其大小、粗细及形态都与芜菁相似,所以也被称为"芜菁甘蓝"(甘蓝特指卷心菜),也属甘蓝类。地下球茎不膨大的主要原因是干旱和缺肥。地下球茎膨大时期,需要多种营养元素和水分,要适时追肥。如果持续干旱,则要及时补水。另外,保证株距 20 厘米是很重要的。

Q6 茎蓝什么时候采收为好?

A 球茎达 5~6 厘米时就可以采收了。但是,绿色品种的外皮变成灰绿色时再采收就迟了,此时组织变硬,品质下降。紫色品种,紫色变浅就说明采收迟了。要趁着纤维细嫩、清脆可口的时候来食用。

趁着纤维细嫩的时候来食用

栽培速成

1 移栽
挖深 20~30 厘米、宽 15 厘米的沟，移栽葱苗，填入稻草。

2 追肥①、培土
移栽 1 个月后追肥，沟内填土。

3 追肥②、培土
1 个月后，再次追肥，培土至绿色的叶与白色的叶鞘之分界处。

4 追肥③、培土
1 个月后，第 3 次追肥，同样培土至绿、白分界处。

5 追肥④、培土
1 个月后，最后 1 次追肥并培土。

6 采收
最后 1 次追肥后经过 3 周以上，就可以采收了。

！ 重点提示
一点一点地细心培土，使叶鞘部分呈白色。

基肥
不需要。

追肥
化肥 30 克 / 米^2。定植 1 个月后开始追肥，每月追肥 1 次，共计 4 次。

浇水
从播种到发芽要勤浇水，之后干旱严重时浇水。

连作建议
以隔 1 年再种为好。

难易度 ~

大葱 [百合科]

栽培月历

●播种 ○移栽 ▲间苗 + 追肥 ■采收 ◆主要病害
◇主要害虫 △其他

月	1	2	3	4	5	6	7	8	9	10	11	12
栽培措施		■					○—○	▲		▲	■	
病虫害							◆————霜霉病、锈病————◆					
							◇————蚜虫————◇					

Q1 播种育苗不顺利，苗长到 7 厘米左右，就看不到了，这是怎么回事？

A 葱的种植，种子发芽是第一要务。因为葱特别不耐干旱，所以保湿十分重要。播种后要充分浇水，并且要通过覆盖不织布、寒冷纱或切碎的稻草来保湿。发芽前每天浇水是基本的工作。

另外，葱初期生长缓慢，如果不经意放任 1 周不管，由于杂草生命力强、生长快，葱苗会隐没于杂草中而不易被发现，这叫"输给杂草"（被草欺）。上面的问题是不是因为这个原因？育苗过程中尽力除草是第二要务。苗高 10 厘米左右时追肥并培土，期间也要坚持除草。

Q2 移栽时为什么不施基肥？

A 葱苗应移栽到深 20~30 厘米、宽 15 厘米的种植沟中。为了不让苗倒伏，沟里要填些稻草，这是一般的做法。农户种葱，因用机械深耕，也有的会施用基肥。掺入基肥后的家庭菜园，土壤会变得松软，不易挖沟成型。移栽后最关键的是根的成活，此时并不需要养分，而且初期葱生长缓慢，与其施用基肥，不如多次追肥和培土，让葱慢慢地生长。编者认为这种做法适合葱的栽培，所以倡导无基肥的培育方法。

Q3 请教一下选好苗的标准。

A 从播种到培育出葱苗还是有些难的，所以建议还是购买葱苗。好苗的标准是：直径 1 厘米以上、株高 30~40 厘米且笔直。

Q4 手边没有稻草，有什么替代品吗？

A 割下来的杂草和玉米秸秆晒干后都可以作为替代品。玉米秸秆事先要去除根部并暴晒放置一段时间。具体可参见第 60 页的 Q7。

Q5 刚刚培好的土又坍塌下来了，怎么办？

A 葱生长很缓慢，分几次追肥和培土让植株一点一点地长大是很重要的。培好的土如果遇风吹雨打又会塌下来，就培成平顶的梯形垄，这样便不容易坍塌，土垄表面用锹面拍打压实会更好。

另外，葱在生长过程中叶片起着重要作用，所以尽量不要让叶片折断或埋入土中，培土时一定要仔细小心，操作时抬起叶片。

Q6 葱怎么长弯了？

A 有几个时间点会造成弯曲：购买的葱苗是否直、是否笔直地移栽葱苗、移栽时为防倒伏而填充稻草时是否压实了。这三个关键点要十分注意。

Q7 有没有好的储存方法？

A 大葱在冬天生长迟缓，让其保持原状在地里越冬，到春天再采收也是可以的。撕开枯萎的外叶，内部叶片仍鲜嫩如初。如果田地有别的安排而必须采收，可以在背阴处挖一洞穴，将葱放入其中；或将葱装在植树用的木钵中，放置在背阴处。这两种储存方式，葱都能存活。

Q8 温暖的地区不能种植大葱（根葱）怎么办？

A 大葱虽然耐寒性强，但耐热性差，因此有的地区难以栽培，那么就试试种植叶葱吧！叶葱耐热性强，在狭窄的地块就能种植，还不需要培土，所以比根葱更容易栽培。①与小松菜等叶菜类一样施基肥、起垄、按1厘米的间隔播种。②株高3~5厘米时按3厘米的株距间苗，株高10~15厘米时按5厘米的株距间苗，都要按30克/米^{2}的标准追施化肥。③每次间苗、追肥时顺便培土。④株高40~50厘米时采收。

洋葱

[百合科]

⚠ 重点提示

为防止抽薹，要仔细区分、选择苗。

基肥

石灰土(含镁、钙)100克/米²，堆肥2千克/米²，化肥100克/米²，可溶性磷肥50~60克/米²。

追肥

化肥30克/米²。2~3月、3~4月共计追肥2次。

浇水

从播种到发芽每天浇水，之后没有特殊情况不用浇水。

连作建议

以隔1年以上再种比较好。

难易度 易 **中** 难

栽培速成

1 移栽

覆盖黑色塑料薄膜，选择根头部直径7~8毫米、株高20~30厘米的洋葱苗进行移栽。不覆盖薄膜也能栽培。

2 追肥①

2~3月进行追肥，给植株基部轻轻地培土。

3 追肥②

3~4月，洋葱球茎开始膨大时，再次追肥。

4 采收

种植的洋葱有70%~80%出现茎倒伏时，就可以采收了。

栽培月历

●播种 ○移栽 ▲间苗+追肥 ■采收 ◆主要病害
◇主要害虫 △其他

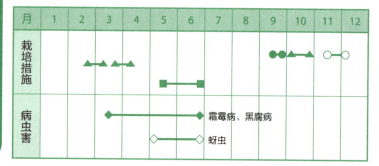

月	1	2	3	4	5	6	7	8	9	10	11	12
栽培措施		▲—▲—▲			■—■				●● ▲—▲	○—○		
病虫害			◆———————◆ 霜霉病、黑腐病		◇———◇ 蚜虫							

Q1 播种育苗了，但没长出好苗。

A 编者归纳的育苗方法分以下几个步骤，施用的基肥、追肥的种类和施肥量都与移栽时相同。①将基肥全面撒施于土壤中，按 80~100 厘米的宽度整畦，做成高度为 10 厘米的平畦，再按 15 厘米的行距进行条播；②覆土，浇水，加盖不织布，发芽前每天浇水；③出苗后摘下不织布，出苗多的地方进行间苗，每 2 周追肥 1 次并培土，直至苗高 25~30 厘米。育苗过程中要清除杂草。

Q2 选苗的要点是什么？

A 又粗又壮的洋葱苗并非就是好苗。选苗的基本标准是：洋葱苗根头的直径为 7~8 毫米，如铅笔粗细，株高 20~30 厘米。移栽苗的粗细与初春时的抽薹是有关系的，即根头直径为 1.5 厘米以上时，在冬天寒冷的作用下，花芽会发生分化而抽薹。

另外，根头直径为 3 毫米左右的细苗，虽不会抽薹但经不起严霜，大多会枯萎。既要保证洋葱苗个儿大，又要保证不抽薹，这是栽培洋葱时选苗的关键点。

根头的直径为 7~8 毫米

Q3 初夏时节，栽培的洋葱叶片都倒了，很让人担心。

A 如果是5~6月出现这种情况，就没必要担心了，这是洋葱发出的信号——可以采收了。洋葱头充分膨大后，叶片的功能就完结了，从基部开始倒伏。当全部植株有70%~80%发生倒伏现象时，就说明采收适期到了。

Q4 不覆盖地膜也能栽培吗?

A 可以的。栽培洋葱时覆盖地膜,既是为了防寒,也是为了提高单位面积上的产量。覆盖地膜还可以减少因降雨而导致的土壤养分流失,因此行距、株距窄一点也不要紧。这样做能省去除草等费事的工作。洋葱耐寒性强,即使不覆盖地膜也能栽培。以栽植 2 行为例,畦宽 75 厘米,行间距 30 厘米,开挖比种植大葱浅一点儿的 2 条沟,沟为东西向,南侧的阳光可直接照射到植株上。移栽时保持洋葱苗直立,株距 12~15 厘米。追肥、采收与覆盖地膜的种植法相同。初春时要尽力除草。

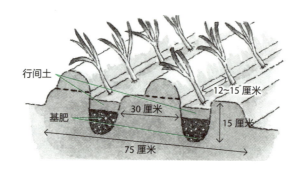

Q5 遇到霜柱(地冰花),洋葱头浮了起来,这如何处置?

A 这是没有覆盖地膜的结果。在土壤结冻的地区,一般为 1~2 月,由于霜柱的形成会使洋葱头浮起来。为此,要轻轻地踩压植株基部,破碎冰霜层,使植株恢复原状。

冻结引起土壤干旱,如果放任不管,植株会因水分不足而枯死。

Q6 洋葱过早地抽薹了,趁早拔除花薹是好的方法吗?

A 一经发现,趁早拔除是有效的办法。因为开花、结种会消耗养分,从而降低洋葱头的品质、口感。

如果任其抽薹、开花,所结的洋葱头会不充实、间隙多,而花序可以趁幼嫩食用。

发现花薹,趁早拔除

Q7 请问洋葱长期保存的方法？

A 保存方法因品种不同而有所差异。5月中旬开始采收的早熟品种不耐储藏，请尽快食用。6月中旬开始采收的晚熟品种储藏性好，用"挂吊储藏法"可以保存到冬天。刚采收的整株洋葱在田里晾晒半天后，带着叶片以5个为1捆拴在绳子的两端，挂吊在避雨、背阴、通风的北向晾台或车库等储藏场所中。另外，即便是晚熟品种，为了提高储藏性，也应选择个儿头小的洋葱。发现叶片倒伏时马上采收。

挂吊储藏

Q8 家庭球根栽培是指什么？

A 用洋葱的子球（球根）栽培，这种种植方法叫"洋葱型栽培"。在园艺店中会以"家庭球根栽培"为名称来出售球根。洋葱的栽培期较长，从播种到采收需要很长时间。家庭球根栽培的特征是生育期短。8月下旬~9月上旬移栽，使当年内采收成为可能；秋天种植的第2年春天就能采收。浅土种植

采用家庭简易箱式栽培采收的洋葱球根

时，要露出顶端。因其不耐湿，除极端干旱外不用浇水。追肥、采收同普通洋葱。因栽培期短，不存在育苗失败等问题，所以受人欢迎。

大蒜

[百合科]

⚠ 重点提示

摘除侧芽和花茎，确保种球（球根）膨大。

基肥

石灰土(含镁、钙)100克/米^2，堆肥2千克/米^2，化肥100克/米^2，可溶性磷肥50~60克/米^2。

追肥

化肥30克/米^2。3月下旬和4月上旬共计追肥2次。

浇水

移栽和干旱时浇水。

连作建议

以隔2~3年再种为宜。

难易度 易 中 难

栽培速成

1 种植

在基肥中加入可溶性磷肥。种蒜发芽后，将芽朝上种植于田中。

2 追肥①

3月下旬，芽开始生长时进行追肥并培土。

3 追肥②

4月下旬进行第2次追肥，为使球根易于膨大，同时中耕并培土。

4 摘除侧芽

当植株长到15厘米左右时，摘掉多余的蒜苗，只保留1棵。

5 摘蕾

初夏大蒜抽薹时，带蕾抽取蒜薹。

6 采收

当栽种的大蒜植株中有1/2以上叶片变黄时，就可以采收了。

栽培月历

●播种 ○移栽 ▲间苗+追肥 ■采收 ◆主要病害
◇主要害虫 △其他

月	1	2	3	4	5	6	7	8	9	10	11	12
栽培措施			▲——	▲		■—■			○——	○		
病虫害					不用防治							

Q1 用超市买来的蒜头栽种，不发芽是怎么回事？

A 买来食用的大蒜，有的种植后会不发芽，这是因为对蒜头进行了抑制发芽处理，以此来延长保存期。要栽种大蒜，还是应购买栽培用的种蒜。

Q2 必须摘除多余的蒜苗吗？

A 当植株长到大约 15 厘米时，要摘除多余的蒜苗，只保留 1 棵。这一操作可以促进养分向蒜头集中，以结出大个儿蒜头。

Q3 请教一下大蒜的采收标准及保存方法？

A 当 1/2 以上叶片变黄时，就可以选择晴天来采收。切去根后晾晒 2~3 天，然后按 10 个蒜头为 1 组将其叶片捆成 1 束，挂在通风处自然干燥。

Q4 采收后的蒜头可以第 2 年再种吗？

A 从其中选择个头儿大、没有受到病毒侵害的大蒜来栽种也是可以的，但最好是购买经过脱毒处理的种蒜。

Q5 用花盆也可以种植吗？

A 可以，种植方法同大田。但花盆栽培不耐干旱，所以不要忘记浇水。

Q6 无臭大蒜是什么？

A 就是韭葱（西洋韭葱）。韭葱的叶片如大蒜一样扁平，但属于葱类。本来食用的是白色的叶鞘部分，但植株经越冬、抽薹后是可以形成根球的。这就如大蒜的根球一样可以食用，所以起名叫"无臭大蒜"，其实主要食用的是韭葱苗。其栽培方法同大葱，通过深沟种植、多次培土来培育。

韭菜

[百合科]

基肥

石灰土（含镁、钙）100 克 / 米 ^{2}，堆肥 2 千克 / 米 ^{2}，化肥 100 克 / 米 ^{2}。

追肥

化肥 30 克 / 米 ^{2}。从移栽 1 个月后开始追肥，每 2 周追肥 1 次。

浇水

移栽和极端干旱时浇足水。

连作建议

在同一地块可持续栽培 4~5 年。采取分株移栽时，要以隔 2~3 年再种为宜。

难易度

栽培速成

1 移栽

按 25~30 厘米的株距穴栽，每个穴可以栽 5~6 棵苗。

2 追肥

移栽 1 个月后每 2 周进行追肥，给植株提供充足的养分。第 1 年秋天要控制采收，晚秋割去枯萎的叶片。

3 采收

第 2 年春天，当新生长的叶片叶长达 20 厘米左右时，从植株基部 4~5 厘米处收割。

4 摘蕾

夏天让植株休息，摘取抽薹后的花茎（韭苔）。

栽培月历

●播种 ○移栽 ▲间苗 + 追肥 ■采收 ◆主要病害
◇主要害虫 △其他

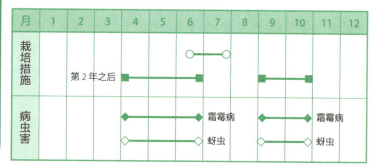

月	1	2	3	4	5	6	7	8	9	10	11	12
栽培措施		第 2 年之后				○——○						
病虫害				◆		◆ 霜霉病		◆		◆ 霜霉病		
				◇		◇ 蚜虫		◇		◇ 蚜虫		

Q1 请问韭菜的栽培周期有多长?

A 最简易的栽培方式是 6 月中旬 ~7 月下旬移栽,第 2 年 4 月开始采收。为了供给植株充足的养分,要放弃在第 1 年秋天的采收。韭菜的耐寒性强,冬天以休眠状态越冬,春天可收割新长出来的嫩叶。韭菜种植 1 次,以后几年可多次采收,每年春天、秋天各采收 2~3 次。

Q2 有培育高品质韭菜的窍门吗?

A 适期追肥是培育窍门。首先,从移栽 1 个月后开始,每 2 周追肥 1 次。当年长出的叶片不采收,到晚秋时节再将枯叶割去。第 2 年春天新叶伸展出来后进行追肥,以提升植株的生长势。当株高 20 厘米左右时,从植株基部 4~5 厘米处采收。之后,经历 2~3 周的时间,新叶会再次伸展出来。因此,每 2 周追肥 1 次,以利于叶片的生长。

Q3 韭菜抽薹了

A 到了夏天,韭菜就会抽薹。为了不消耗植株更多的养分,要趁早摘取花茎——韭薹。幼嫩的韭薹味道鲜美。

采收韭薹来食用的花韭与叶韭是不同的品种。而夏天采收花薹,可以避免植株的营养被大量消耗,所以采收也是休养生息。

到了秋天,娇嫩的新叶又生长出来,就可以再次采收。

Q4 叶片变窄了,这是怎么回事?

A 大概是从移栽算起已经种植多年的缘故吧。经过 3~4 年的多次采收,地下球根的密度变大而植株生长势减弱。叶片变窄就是外在的征兆,是根部拥挤的信号之一。此时需要进行分株移栽。分株的适期是春天或秋天,刨出植株,将根球分开,每 4~5 棵为 1 丛进行穴栽。

芦笋

[天门冬科]

！ 重点提示

移栽之后，从第3年开始采收，大约能连续采收10年。

基肥

石灰土（含镁、钙）100克/米²，堆肥2千克/米²，化肥100克/米²。

追肥

化肥30克/米²，堆肥2千克/米²。从移栽后1个月开始，每月追肥1次，1~2月不需要追肥。晚秋施足堆肥。

浇水

移栽时浇足水。

连作建议

因为是宿根性植物，大约可以连续栽培10年。采取移栽方式时，要以隔2~3年再种为宜。

难易度

栽培速成

1 移栽

因为是长年栽培，所以一定要考虑种植场所。3~4月是移栽适期。

2 竖立支杆

到了夏天，茎叶生长茂盛，在其周围竖立支杆，用绳子捆缚。

3 追肥①

移栽1个月后每月追肥1次并培土。1~2月不用追肥。

4 追肥②

初冬时节，地上部的叶片干枯，从植株基部割去地上部分，施足堆肥。

5 栽培措施

随着植株的生长，初冬施足堆肥，春天到秋天追施化肥，夏天竖立支杆，多年重复这些工作。

6 采收

到第3年的春天，采收新长出的嫩茎。要决定采收适期，之后再长出的嫩茎不再采收，为下一年持续生长保存生长势。

栽培月历

●播种 ○移栽 ▲间苗+追肥 ■采收 ◆主要病害 ◇主要害虫 △其他

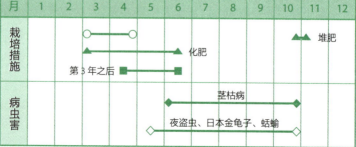

Q1 请问连年循环栽培怎么操作?

芦笋是栽种1次可连续10多年采收的多年生草本植物。从播种育苗到移栽定植需要近1年的时间,所以推荐购买苗来栽植。移栽一般在3~4月。从春天到秋天,任由茎叶自然生长。晚秋,当叶片枯萎后,割除植株的地上部分,并给植株施足堆肥(底肥),使芦笋安全越冬。第2年春天新长出的嫩茎仍不采收,采收从第3年开始。从移栽1个月后开始追肥,每月补充1次养分。之后,在晚秋割除地上茎叶并追施堆肥,从春天到秋天每月追施1次化肥,从夏天到秋天以培育壮株为目标,如此循环可栽培10年左右。所以无论是栽培也好、采收也罢,都要保持耐心,才能享受应时的味道。

Q2 第 2 年的嫩茎为什么不能采收?

第 2 年春天新长出的芦笋嫩茎仍不采收,为的是让新芽长出枝叶,进行光合作用,来充实植株,培育壮株。如果执意要采收,输送给分株根部的养分减少,会对第 3 年以后的生长发育产生影响。

Q3 栽培多年后,每年的产量逐步减少,这是怎么回事?

是否遵守了堆肥、化肥的循环施用规律?在植株的生长充实期施用化肥,冬天施用缓释性堆肥以培肥地力。另外,如果分次分批地将不断长出的新的嫩茎全部采收,第2年会因养分存储不足而减少。所以,从第3年之后,限定采收期在4月中旬~6月中旬,其他时段停止采收。6月中旬之后,新长出的嫩茎要任其生长,从而起到合成养分、蓄积养分的作用。

Q4 仲夏,茎叶出现了倒伏。

夏天是植株生长、充实的时期。茎叶生长茂盛容易倒伏。在植株伸展、扩张的周围,竖立支杆,用绳子捆绑固定,可防止倒伏。

倒伏的植株如果放任不管,就容易枯萎,所以要趁早竖立支杆,预防倒伏。

茗荷

[姜科]

重点提示

因其喜阴湿，不耐干旱，所以夏天阳光直射时要遮光，并在植株基部铺上稻草来保湿。

基肥

石灰土（含镁、钙）150~200克/米^2，堆肥 2 千克/米^2，化肥 100 克/米^2。

追肥

化肥30克/米^2，堆肥2千克/米^2。从移栽后1个月开始追肥，每月追肥1次。晚秋以堆肥作为底肥。

浇水

移栽时浇足水。

连作建议

移植时要避开连作地块。

难易度

栽培速成

1 移栽

用地下茎按 30 厘米株距来栽植。

2 追肥

栽植 1 个月后追肥，每月追肥 1 次并培土。12 月~第 2 年 2 月不用追肥。

3 铺稻草

梅雨前铺稻草或除草后将稻草铺在植株基部。

4 采收

现蕾后、开花前采收花蕾。

5 栽培管理

在茎叶枯萎的晚秋，向整个地块撒施堆肥 2 千克/米^2。

栽培月历

●播种 ○移栽 ▲间苗 + 追肥 ■采收 ◆主要病害
◇主要害虫 △其他

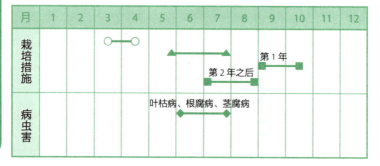

Q1 种植在光照条件好的地块上，没几天就枯死了。

A 茗荷是喜阴蔬菜，强光照射下，其生长发育衰退进而枯萎。如果栽植在向阳处，在梅雨季节前后要用遮光网或黑色寒冷纱罩住所有的植株，或在地块的东南侧种植番茄、黄瓜、玉米等高秆蔬菜，形成阴凉，这也是一种办法。

喜光的蔬菜有很多种，但靠其形成的阴凉来培育茗荷的，稀少而珍贵。因此，建议有效地利用农田北侧和墙根阴凉处等不适合喜光蔬菜生长的空间来栽种茗荷。

Q2 花蕾呈绿色，不变成美丽的粉红色，这是什么原因？

A 这是因为植株基部受到光照，使花蕾变绿、变硬，从而导致品质下降。梅雨季节前后，在植株的基部铺上厚厚的稻草，用来遮光，就能够采收粉红色幼嫩的花蕾。

Q3 晚秋叶片枯萎后，冬天管理的关键点有哪些？

A 茗荷是宿根草本植物，入冬前，茎叶枯萎进入休眠状态。一到春天，从休眠中苏醒而长出新叶。所以，晚秋时将枯萎的茎叶从茎基处割除，厚厚地追施堆肥，将其当作底肥来帮助植株越冬。冬天，植株的地上部分没有什么变化，所以没有除草的必要。在长出新芽的早春时节，追施化肥，以促进植株生长。

Q4 请教一下分株的方法及时间。

A 栽培4~5年后，茗荷的根拥挤在一起，新叶及花蕾难以伸展。所以在发出新芽前的3月初，挖出地下茎，整理互相缠绕的根，将带芽的地下茎截成15厘米左右长短，按株距30厘米的间隔来重新栽植。为避开连作障碍，要栽植在新的田块中。

茗荷连续栽培多年后，就不必再考虑前年的产量，用分株方法重新栽植。

薤

[百合科]

> **!** **重点提示**
> 如果想培育大粒球茎，需每年采收；如果栽种后 2~3 年放任不管，可收获小粒球茎。

基肥
石灰土（含镁、钙）100~150 克/米^2，堆肥 2 千克/米^2，化肥 100 克/米^2。

追肥
化肥 30 克/米^2。从移栽 1 个月后开始追肥，每月追肥 1 次（1~2 月不需要追肥）。

浇水
不用浇水。

连作建议
以隔 1~2 年再种为宜。

难易度

栽培速成

1 移栽
按 20 厘米的间隔穴栽，每个穴放 2 粒种球，种植深度以种球尖端稍露出地面为宜。

2 追肥
移栽 1 个月后开始追肥，每月追肥 1 次。1~2 月的严寒期不用追肥。

3 采收①
3 月下旬 ~4 月上旬，挖掘幼嫩球茎。

4 采收②
叶片全部枯萎后，挖掘成熟球茎。

栽培月历

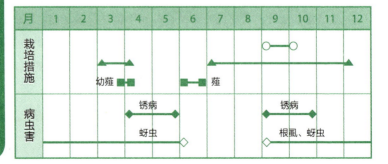

●播种 ○移栽 ▲间苗 + 追肥 ■采收 ◆主要病害 ◇主要害虫 △其他

月	1	2	3	4	5	6	7	8	9	10	11	12
栽培措施									○──○			▲
			幼薤 ▲─■			●─■ 薤	▲					
病虫害			锈病 ◆───						锈病 ◆───			
			蚜虫	◇			◇		根虱、蚜虫			

Q1 什么时间采收幼嫩球茎比较好？

A 采收幼嫩球茎的适期是 3 月下旬~4 月上旬，比正式采收的 6 月要早一些。在日本，幼嫩的薤辛辣味较小，有脆爽的口感，可以蘸着味噌或蛋黄酱生吃。

顺便说一下，还有一种与其日文名发音相似的蔬菜，称为火葱或小洋葱与洋葱属于同类。

Q2 采收标准是什么？

A 到了6月，植株地上部变成茶褐色，渐渐枯萎但还没有完全枯萎前，松动植株周围的土层，挖出球茎。要选择梅雨前土壤干燥的日子来采收。

注意，薤在秋天开花，但开花也不能结出种子，因而也就不怕因结实、成熟而消耗植株的养分，所以开花也没关系。

Q3 栽植后 2~3 年放任不管，所结的球茎变小了。

A 秋天栽种 1 粒球茎，到第 2 年的初夏就可以增加到 7~8 粒，所以说薤的分蘖能力极其旺盛。栽植种球后如果放任不管，第 2 年可以达到 7~8 粒球茎，而下一年每一粒球茎又可以形成 7~8 粒球茎，总数可达到数十粒，但每一粒就会变小，这样的薤也称为花薤，用来腌渍咸菜。要想获得大粒的薤头，就要每年采收。

Q4 6 月采收的球茎，9 月当作种球来栽植可以吗？

A 适当地存储后是可以的。采收后，切去根，剥去薄皮，装入网袋，放在通风条件好的背阴处保存。栽植前，将只有外皮、没有内容的球茎和发霉的、腐烂的球茎都剔除掉，选择健壮的种球来栽植。

菠菜

［藜科］

⚠️ **重点提示**

因不喜酸性土壤，要多施石灰土。

基肥

石灰土（含镁、钙）150~200克/米²，堆肥2千克/米²，化肥100克/米²。

追肥

化肥30克/米²。当真叶4~5片(株高7~8厘米)时追肥1次。

浇水

发芽前不能干旱，要及时浇水；发芽后，干旱严重时浇水。

连作建议

以隔1~2年再种为宜。

难易度

栽培速成

1 移栽

按1厘米的间隔条播，高温时，要对种子进行催芽，以提高种子发芽的整齐度。

2 间苗

真叶1~2片时，按3厘米的株距进行间苗并培土。

3 追肥

真叶4~5片时追肥并培土。如果想要单株精细培育，按5~6厘米的株距间苗比较好。

4 采收

株高20~25厘米时可以采收。

栽培月历

●播种 ○移栽 ▲间苗+追肥 ■采收 ◆主要病害
◇主要害虫 △其他

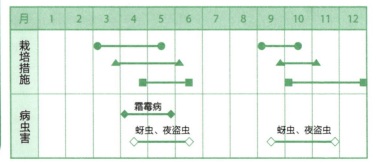

Q1 根据季节的不同而变换品种好不好?

菠菜属长日照植物，只有日长（日照时间）积累到一定时间时才可以抽薹开花。但菠菜一开始抽薹，叶片就变得坚硬，所以培育时要尽可能不让其抽薹，这就是栽培菠菜的要点。依照播种时期，可分为春播、秋播及高寒地区的夏播 3 种方式。春播推荐选用抽薹晚的"魔法""积极"（都是杂交种）和"龟"，秋播推荐"所罗门""日本菠菜"（都是杂交种）等品种。"日本菠菜"很容易抽薹，是秋播的专用品种。

Q2 7 月初播种，但没有发芽，这是怎么回事?

菠菜不耐酸性土壤及高温。以土壤 pH 调整到 6.5 为目标，按 150~200 克 / 米^2 来多施一些钙镁石灰土。另外，菠菜发芽的适宜温度是 15~20℃，在超过 25℃的高温期播种时，要先进行催芽，以提高发芽率和整齐度。再者，去除果皮的裸种子，具有发芽早且整齐的特点，从而推荐选用。关于催芽播种，请参见第 170 页的 Q5。

Q3 种袋上标有"抗霜霉病 1 · 3 · 5"，这是什么意思?

霜霉菌是真菌的一种，它在叶片上形成黄色斑点，造成品质下降，是菠菜的代表性病害。"菌种分级"指的是霜霉菌这一方面的分级，根据霜霉病的菌型不同分为 1~15 级，种袋上写着"抗霜霉病 1"，表示品种的抗病性对应的分级是 1 型，一个品种可以有多个抗病性分级，这就是"抗霜霉病 1 · 3 · 5"的意思。有的种苗公司会在品种名上附有"R（分级）"标记，表明品种的抗病性。但菌型常不断地分化，所以这也不是万能的。

莙达菜

[藜科]

！重点提示

整理土壤时，要多施石灰土，调节土壤 pH 在 6.5~7.0 之间。

基肥

石灰土（含镁、钙）150~200 克/米^2，堆肥 2 千克/米^2，化肥 100 克/米^2。

追肥

化肥 30 克/米^2。真叶 5~6 片时追施。

浇水

播种和严重干旱时浇水。

连作建议

以隔 1~2 年再种为宜。

难易度 易 中 难

栽培速成

1 播种

整理土壤时多施石灰土。如果要获得小棵植株，则按 2~3 厘米的株距条播；如果要获得大棵植株，则按 30 厘米的株距点播。

2 间苗

如果要获得小棵植株，就在真叶 1~2 片时按 4~5 厘米的株距间苗并培土；如果要获得大棵植株，则保留 3 棵。

3 追肥①

如果要获得小棵植株，就在真叶 5~6 片时追肥并培土；如果要获得大棵植株，则在真叶 5~6 片时间苗，保留 1 棵并追肥。

4 追肥②

培育大棵植株时，视植株的长势而酌情追肥。

5 采收

小棵植株，株高 20~30 厘米时即可采收；大棵植株，株高 30~40 厘米时，如果叶柄基部太粗，则从外层叶片开始采收。

栽培月历

●播种 ○移栽 ▲间苗＋追肥 ■采收 ◆主要病害 ◇主要害虫 △其他

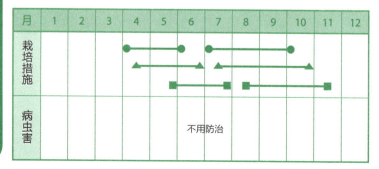

Q1 播种时应注意什么？

A 莙达菜的播种用种称为种球（聚合果）。1 个种球内有 2~3 粒种子聚集在一起，因此播种时株距稍大一些。小松菜、菠菜的株距是 1 厘米，莙达菜的株距是 2~3 厘米。同一处会发出 2~3 个芽，所以要通过间苗再次扩大株距。

Q2 发芽不齐是怎么回事？

A 耐热、抗病虫害、易于栽培是莙达菜的优点，但在酸性土壤中生长发育不良是它的缺点。当土壤 pH 在 5.5 以下时，莙达菜就会发芽不良，可在土壤中多施石灰土来调整 pH 至 6.5~7.0。

Q3 如何采收呢？

A 看上去鲜嫩好吃的莙达菜，推荐的采收方法是：一边采收外层叶片，一边让植株继续生长。以 30 厘米的间距进行点播，通过 2 次间苗最后只留下 1 棵。当株高 30~40 厘米时，如果叶根（叶柄基部）太大太粗，就从外层叶片开始采收。长势好的植株，可以长成茎粗 5~7 厘米、株高 50~60 厘米的大株，多次采收能持续到 11 月。在间苗成 1 棵的时候进行追肥。是否还需要再追肥，视植株的生长情况酌情而定。

Q4 超市等售卖的嫩叶菜中，也可以看到莙达菜的影子，这是怎么培育的？

A 嫩叶菜，是采收蔬菜的嫩叶来食用的。小松菜、水菜等十字花科蔬菜，莙达菜、菠菜等藜科蔬菜，莴苣等菊科蔬菜都算是嫩叶菜。

整田造畦的方法如常，不用间苗，当植株长到 10~15 厘米高时，就可以采收叶片了。采收时要保留根基部的生长点，以利于再长出新叶，便能多采收几次。为此，要每 2 周追肥 1 次。

三叶芹

[伞形科]

⚠ 重点提示

勤浇水直至发芽。

基肥

石灰土（含镁、钙）100 克 / 米 ^{2}，堆肥 2 千克 / 米 ^{2}，化肥 100 克 / 米 ^{2}。

追肥

化肥 30 克 / 米 ^{2}。第 2 次间苗之后，每 2 周追肥 1 次并培土。

浇水

播种时浇水。

连作建议

以隔 3~4 年再种为宜。

难易度 （易）（中）（难）

栽培速成

1 播种

喜光性种子，播种后应薄薄地覆盖一层土。

2 间苗①

双子叶展开时，按 3 厘米株距进行间苗并培土。

3 间苗②

真叶 2~3 片时按 5~6 厘米的株距进行间苗。

4 追肥

第 2 次间苗之后，每 2 周追肥 1 次并培土。

5 采收

株高 25~30 厘米时即可采收。从距离根基部 3~4 厘米处采收，这样还可以长出新叶，便可多次采收。

栽培月历

●播种 ○移栽 ▲间苗 + 追肥 ■采收 ◆主要病害
◇主要害虫 △其他

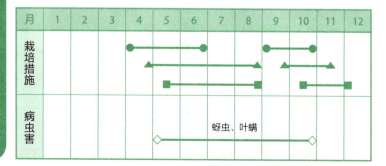

Q1　发芽不良是怎么回事？

A 有以下几个原因：

第一，连作障碍严重，所以要在连续 3~4 年没有种过三叶芹的地块上栽植。

第二，种子的寿命很短，只有 1 年的时间，所以一定要在当年内用完。用旧种子播种，发芽率显著下降，有时品质也变坏。

第三，种子对光照有反应，属于在光照条件下容易发芽的喜光性种子，所以覆盖种子的土要尽量薄。

第四，不耐热、不耐干旱。发芽需要 7~10 天的时间，发芽前要勤浇水，以防止干旱。因可以在半阴环境中生长，所以只要选择不太干燥的环境来栽培就可以。

由此可以看出，三叶芹种子的发芽，需要同时具备多个条件，只要有一个不满足，就不能很好地发芽。

Q2　可以全年栽培吗？

A 露地栽培，霜降前（按日本关东地区标准是 11月底~12月）都是可以的，霜降后三叶芹的生长发育会出现不良。如果想在寒冷时期内栽培，就一定要具备能达到10℃以上的保温措施。

Q3　春天播种，怎么抽薹了？

A 在低温条件下，三叶芹的花芽开始分化，如果过早播种，不久就会抽薹。所以播种要在4月之后，比其他叶菜类蔬菜要晚一些。

Q4　在日本的关东和关西地区，栽培方法有什么不同？

A 三叶芹有关东地区的嫩白栽培、关西地区的绿色栽培（丝三叶芹）等多种栽培方法。采用嫩白栽培的，采收的三叶芹茎是又嫩又白的；采用绿色栽培的，采收的三叶芹茎是绿色的且有特殊的香味。对于家庭菜园，推荐采用栽培简单的绿色栽培。

欧芹

[伞形科]

⚠ 重点提示

栽植后几乎不用费事，定期追肥可以延长采收期。

基肥

石灰土（含镁、钙）100 克 / 米², 堆肥 2 千克 / 米², 化肥 100 克 / 米²。

追肥

化肥 30 克 / 米²。栽植 1 个月后追肥。之后若开始采收，则每 2 周追肥 1 次。

浇水

播种和干旱时浇水。

连作建议

以隔 1~2 年再种为宜。

难易度

栽培速成

1 移栽

因为根笔直地向下伸长，所以要将土壤深耕细耙之后再移栽。

2 追肥

移栽 1 个月后追肥。开始采收之后，每 2 周追肥 1 次并培土，以促进植株生长。

3 采收

真叶 13~15 片时，按需求量采收。

栽培月历

●播种 ○移栽 ▲间苗 + 追肥 ■采收 ◆主要病害
◇主要害虫 △其他

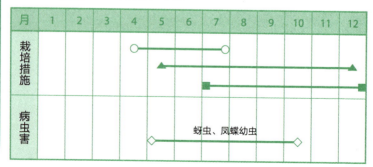

Q1 怎么也不发芽。

A 欧芹属于蔬菜中初期生长发育特别迟缓的一种。发芽大约需要 10 天的时间，从播种到培育成适于定植的幼苗大约需要 70 天的时间，是叶菜类蔬菜中育苗期超长的异类。如果只种植 1~2 棵，最简单的方法是购买种苗。再者，因其种子是喜光性的，具有覆土过厚不易发芽的性质，所以薄薄地覆上一层土，以刚刚盖住种子、种子若隐若现为宜。播种之后，用板子等压实土壤，使种子与土壤充分接触。

Q2 欧芹与意大利欧芹有什么不同？

A 欧芹分为叶片皱缩的皱叶种（皱叶欧芹）和叶片平展的平叶种两种类型。平叶种也称为意大利欧芹，在欧洲地区占据主流地位；皱叶种的香味更浓烈。

意大利欧芹

Q3 种植的欧芹叶片变黄。

A 首先，要考虑氮素是否不足。每 2 周采收 1 次，请从开始采收起定期进行追肥。其次，也有干旱的可能。铺上稻草或黑色塑料薄膜也是有效的防护措施。

Q4 一次采收多少呢？

A 当真叶达到 13~15 片时，以每次采收 2~3 片为标准进行，从已经皱缩的外层叶片开始依次采收。不要忘记追肥，下次采收在半个月之后。

从外层叶片开始采收

西芹

[伞形科]

! 重点提示

高温多湿期，做好排水与通风工作。

基肥

石灰土（含镁、钙）100 克 / 米^2，堆肥 2 千克 / 米^2，化肥 100 克 / 米^2。

追肥

化肥 30 克 / 米^2。栽植 2 周后开始追肥，每 2 周追肥 1 次。

浇水

因不耐干旱，夏天栽植时要勤浇水。

连作建议

以隔 1~2 年再种为宜。

难易度 易 **中** 难

栽培速成

1 移栽

营养钵育苗，移栽时栽种得浅一点儿，能看得到根钵。

2 追肥

移栽 2 周后开始追肥，每 2 周追肥 1 次并培土。

3 摘除侧芽

摘除侧芽及下部发黄的叶片。

4 嫩白

如果想获得嫩白芹菜，在距离采收的 3 周前，在植株的周围用瓦楞纸板覆盖进行遮光。这项工作做不做都不影响食用。

5 采收

第 1 节的长度达 20 厘米以上时就可采收。可以整株采收，也可以只取外层叶片进行分期采收。

栽培月历

● 播种 ○ 移栽 ▲ 间苗 + 追肥 ■ 采收 ◆ 主要病害
◇ 主要害虫 △ 其他

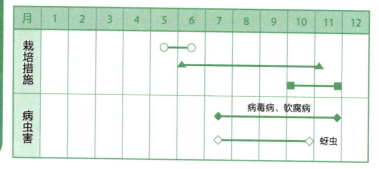

Q1 盛夏，苗慢慢消失了。

A 是不是得了软腐病？西芹在育苗期、移栽期，植株还很小的时候，即便达到25℃也能很好地生长发育，但是，进入高温多湿季节，伴随着植株的长大，病害也到了多发期。干旱易导致植株生长发育不良，多湿又诱发病害，所以，西芹是水分管理难度比较大的蔬菜。

特别要注意的是软腐病，它会导致植株腐烂，发出恶臭，进而成烂泥状，是细菌性病害。主要的对策：①轮作，与不受这一细菌侵害的玉米等禾本科作物轮作；②做好排水与通风透气工作。

Q2 生育期长是栽培难点，有没有生育期短的品种？

A 最近有了从播种到采收大约需要75天的迷你西芹。另外，中国的叶芹菜（芹菜）也是生育期短、易于栽培的芹菜品种。

Q3 茎不变白是怎么回事？

A 叶柄（茎）变成白色的西芹，是在采收前采取了覆盖植株以遮住阳光的嫩白栽培法。在采收前的3周，在植株的周围用厚纸或瓦楞纸围起来，叶柄就变白变嫩了。未采取嫩白栽培法的，只是叶柄稍硬，但叶色浓绿，富含维生素。

Q4 只施用了堆肥，叶色浅绿是怎么回事？

A 有机肥的特点是肥效缓慢、持久，因此与施化肥的相比，叶色会显得浅淡。所以在施足基肥的基础上，辅助施用化肥。

Q5 蚜虫满满的。

A 蚜虫不仅为害植株，而且是传播病害的媒介，是很麻烦的害虫。在蚜虫发生初期，可用手将其拈碎或用胶带粘取。

明日叶

[伞形科]

 重点提示

冬天要略微采取防寒措施，以利于安全越冬。

基肥

石灰土（含镁、钙）100 克 / 米², 堆肥 2 千克 / 米², 化肥 100 克 / 米²。

追肥

化肥 30 克 / 米²。从栽植 1 个月后开始追肥，每月追肥 1 次。

浇水

栽植时浇水。

连作建议

以隔 1~2 年再种为好。

难易度

栽培速成

1 播种

在营养钵内装入营养土，播种 7~8 粒种子，也可以直播。

2 间苗①

真叶长出 1 片时进行间苗，保留 3 棵。

3 间苗②

真叶长出 2~3 片时第 2 次间苗，保留 2 棵。

4 间苗③

真叶长出 4~5 片时再次间苗，只保留 1 棵。

5 移栽

将整个根钵不散地进行移栽。

6 追肥

移栽 1 个月后开始追肥，每月追肥 1 次。

7 采收

真叶 15 片左右时就可采收。

8 越冬

冬天，植株的地上部分枯萎，通过铺垫稻草、施入堆肥来防寒。春天来临时，又会发出新芽。

栽培月历

●播种 ○移栽 ▲间苗 + 追肥 ■采收 ◆主要病害 ◇主要害虫 △其他

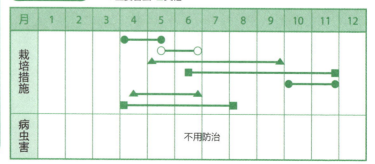

Q1 如何保障明日叶能安全越冬呢?

A 明日叶,因富含维生素和铁元素而倍受人们的喜爱。再者,它是多年生植物,可持续采收,种植简单又抗病虫害,还能连续不断地长出新叶,这些也是其受欢迎的原因。除温暖地区之外,在冬天,明日叶的地上部会枯萎,但其地下部还活着,所以给它覆盖稻草或施用堆肥,起到轻微的防寒作用,就可以安全越冬了。春天来临,新叶又会生长出来。

Q2 请问采收的标准是什么?

A 如果植株的真叶增长到 15 片左右,就可以采收了。要摘取中心部位的嫩叶,没有完全展开的、带有光泽的嫩叶是最好吃的。

"明天又可以长出新叶了",以此来形容其生长速度快,这也是起名为明日叶的原因吧。实际上,新叶的长出需要 4~5 天。

Q3 明日叶的繁殖方法有哪些?

A 播种繁殖。我们可以采集明日叶的种子并保存起来,在春天或秋天就可以播种了。另外,还有分株繁殖。初春时节,挖出植株的地下部分,分成若干份,每份都要带有新芽和根,然后按约 50 厘米的株距进行栽种。

Q4 切开茎时,流出的黄色汁液是什么?

A 流出的黄色汁液中含有查尔酮类化合物,具有抗氧化作用。其抗菌效果也很强,具有预防癌症、溃疡、血栓等功效。

Q5 在盛夏也能种植吗?

A 以明日叶为例,本书后面的内容也会多选取热带叶菜来介绍,如落葵(紫角叶)、番杏(新西兰菠菜)、苋菜等,都是值得推荐的叶菜类。它们共同的特点是:易于栽培,不用担心霜打,从播种到采收需要30~50天,耐高温多湿,生长迅速。

空心菜

[旋花科]

! 重点提示

勤浇水直至发芽。

基肥

石灰土（含镁、钙）100 克 / 米^2，堆肥 2 千克 / 米^2，化肥 100 克 / 米^2。

追肥

化肥 30 克 / 米^2。播种 2~3 周后开始追肥，每 2 周追肥 1 次并培土。

浇水

发芽之前都不能干旱。特别干旱时浇水，效果会更好。

连作建议

虽没有连作障碍，但隔 1~2 年再种更好。

难易度

栽培速成

1 播种

因为是硬壳种子，需浸泡一夜后再播种，以利于发芽。每个穴点播 3~4 粒种子。也可以采用插芽繁殖。

2 间苗

双子叶展开时进行间苗，保留 2 棵并培土。

3 铺稻草

梅雨结束前，在植株基部铺上稻草。

4 追肥

播种 2~3 周后，每 2 周追肥 1 次并培土。

5 初次采收（摘心）

株高 30 厘米时，对主枝进行摘心，采收幼嫩茎叶。

6 采收

侧芽伸展长成侧枝，当侧枝长 20 厘米左右时，就可采收。

栽培月历

●播种 ○移栽 ▲间苗 + 追肥 ■采收 ◆主要病害
◇主要害虫 △其他

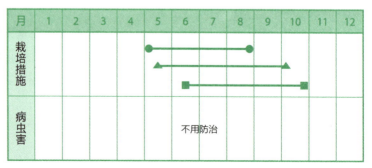

月	1	2	3	4	5	6	7	8	9	10	11	12
栽培措施					●――――――――●				▲―――――――――▲			
					▲――――――――――――――――▲							
						■―――――――――――――■						
病虫害					不用防治							

Q1 总也长不大是怎么回事？

空心菜属于热带蔬菜，如果在寒冷时期播种，发芽会延迟，生长也变得缓慢。播种适期是 5 月之后，种子的种皮坚硬，需浸泡一夜方可播种。梅雨过后，生长发育旺盛，可一边采收一边整理株型，使植株紧凑。如果坚持按量施肥，采收可持续到秋天。

Q2 买来食用的空心菜可以直接种植吗？

空心菜是可以扦插繁殖的，它与甘薯、红凤菜（金时草）一样，买来后可以食用，也可以用来栽种。在 7~8 月的高温期，从播种算起，经过 3~4 周就可以采收了。所以，即便是从播种开始，也相当简单。也有出售菜苗的，但空心菜的种植，不管是播种还是移栽，都很简单，属于好种的蔬菜之一。

Q3 如果放任不管，节上会长出根来。

空心菜和甘薯都能从着生叶片的茎节处长出根，这是它们的共同特点。如果采收不及时，茎会在地面上匍匐扎根，向更大的空间扩展。采收晚了、长粗了的茎，变得坚硬而不能食用。

要抑制植株无序扩展，勤采收是关键。当株高 30 厘米左右时，对主枝进行摘心；侧芽伸展长成 20 厘米的侧枝时，要勤于采收。每 2 周追肥 1 次，不要断肥。

折取幼茎

株高 30 厘米时对主枝进行摘心

菜用黄麻

[锦葵科]

基肥

石灰土（含镁、钙）100 克 / 米^2，堆肥 2 千克 / 米^2，化肥 100 克 / 米^2。

追肥

化肥 30 克 / 米^2。移栽 1 个月后开始每月追肥 1 次。

浇水

从播种到发芽不能干旱。

连作建议

没有连作障碍，但隔 1~2 年再种更好。

难易度 (易) (中) (难)

栽培速成

1 播种
在营养钵内装入土壤,播种 7~8 粒。

2 间苗①
双子叶展开时间苗，保留 3 棵。

3 间苗②
真叶 2 片时间苗，保留 2 棵。

4 间苗③
真叶 3~4 片时间苗，只保留 1 棵。

5 移栽
真叶 5~6 片时将培育好的苗进行移栽。

6 追肥
移栽 1 个月开始追肥，之后每月追肥 1 次并培土。

7 初次采收（摘心）
从枝顶端约 20 厘米处折断采收。

8 采收
随着新芽不断地长出来，依次采收新叶。

栽培月历

● 播种　○ 移栽　▲ 间苗 + 追肥　■ 采收　◆ 主要病害
◇ 主要害虫　△ 其他

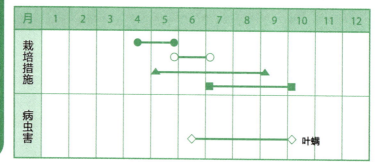

Q1 播种后，总也长不大，这是为什么？

A 菜用黄麻初期生长发育迟缓，长成具有 5~6 片叶片、可用来定植的苗需要经过 40~50 天，如果担心霜降影响，可架设塑料薄膜拱棚，保持温度在 15℃以上。

Q2 叶片过于茂盛了怎么办？

A 原产于热带的菜用黄麻，在日本又叫作莫洛海芽，气温持续上升达到盛夏温度时，植株迅速生长。如果放任不管，植株可达 3 米以上，那就无计可施了。所以，当株高 30~40 厘米时，就要开始采收，边长边摘，把植株控制在不及人腰的高度。植株过高过大，叶老筋柴，就不好吃了。

趁早折断顶芯，培育低矮植株

采收时，用手摘取顶部的叶片，手摘时茎咔嚓一声断了，就说明茎叶幼嫩好吃。侧芽生长出来后，一边采收一边整理株型。

Q3 菜用黄麻不能越冬吗？

A 菜用黄麻不耐低温，不能越冬。但是，如果自己采收种子加以保存，第 2 年也能栽培。秋天来临时，植株上长出 7~8 厘米的果荚，果荚粗糙变干后，摘下果荚，取出种子并装在纸袋中，放在冷暗场所进行保存。种子有毒，注意不要误食，叶和茎是可以食用的。

菜用黄麻的果荚

紫苏

[唇形科]

! 重点提示

种几棵就足够了。推荐在移栽适期购入紫苏苗来栽培。

基肥

石灰土（含镁、钙）100~150克/米²，堆肥2千克/米²，化肥100克/米²。

追肥

化肥30克/米²。移栽2周后开始追肥，之后每2周追肥1次。

浇水

干旱期结合害虫预防，喷洒、浇足水分。

连作建议

隔1~2年再种更好。

难易度 易 中 难

栽培速成

1 播种

在营养钵内播种7~8粒，发芽后保留3~4棵，真叶长出2~3片时保留2棵，真叶4~5片时保留1棵。

2 移栽

按20~30厘米的株距，将培育好的苗进行移栽。

3 追肥

移栽2周后开始追肥，之后每2周追肥1次并培土。

4 采收

株高30~40厘米时，采收大而展开的紫苏嫩叶。开始抽穗时，采收幼穗；种子成熟前，采收果穗。

栽培月历

●播种 ○移栽 ▲间苗+追肥 ■采收 ◆主要病害
◇主要害虫 △其他

月	1	2	3	4	5	6	7	8	9	10	11	12
栽培措施				● —— ●	○ ——	—— ○			△			
					▲ ——	——	——	—— ▲				
						■ — ■						
病虫害						蚜虫、叶螨						
						◇ ——	——	—— ◇				

Q1 紫苏除叶片外，还有哪些部分可以食用？

A 在紫苏的各个生长阶段，可以享受不同的栽培乐趣。紫苏发芽，刚长出的双子叶称为芽紫苏，可以用作生鱼片的配菜。叶紫苏（大叶）有助于调味和上色，红叶紫苏在腌制梅干和其他食品时可以增添风味和色彩。9月抽穗后，穗上1/3的花开放时，折下的花穗称为穗紫苏，可用作生鱼片和凉拌菜的配菜。花谢之后，趁着种子还未成熟时采收的果穗，称为实紫苏，可用来腌制咸菜和炖煮食物。

Q2 叶片硬而老，这是怎么回事？

A 根据紫苏的生长时期，可以从以下几个方面考虑：7~8月肥水不足或光照过强，这可能是叶片硬而老的原因；没有挑选土质，直接就栽种了，这也是原因之一。要想采收幼嫩而芳香味十足的紫苏叶，整理土壤是最先入手的工作；每2周追肥1次；土壤干旱时浇足浇透水；阳光直射时，会导致叶片变老，所以要覆盖寒冷纱。

到了开始抽穗的9月上、中旬，叶片停止生长而变得坚硬。虽摘取顶芯，还能享受短暂的采收乐趣，但因为新叶不会再长出来，所以说叶片的采收差不多就结束了。

Q3 紫苏叶片有皱缩不平的，也有平滑的。

A 虽然紫苏少有品种分化，但也有几个品系。从叶片颜色的差异来分，有青紫苏和红紫苏，各自再可分为皱叶紫苏和平滑叶紫苏。

Q4 每年，撒落到地里的紫苏种子发芽、长大，其叶色和香味都有退化，怎么回事？

A 唇形科的植物有很多，除蔬菜之外，草药、园艺用的草花及杂草都有广泛分布。因此，紫苏与唇形科的其他植物发生杂交是不可避免的。年复一年的杂交，会引起紫苏品质下降。若红紫苏发生杂交，其叶片颜色变差，这已为人们所知。如果要感受青紫苏独特的芳香气味，还是每年播种或选择合适的苗来栽培吧。

茼蒿

[菊科]

⚠️ 重点提示

对主枝进行摘心，让侧芽生长，是有效的栽培措施。

基肥

石灰土（含镁、钙）150 克 / 米², 堆肥 2 千克 / 米², 化肥 100 克 / 米²。

追肥

化肥 30 克 / 米²。从第 2 次间苗之后开始追肥，之后每 2 周追肥 1 次。

浇水

播种时浇水。

连作建议

隔 1~2 年再种更好。

难易度

栽培速成

1 播种

茼蒿不耐酸性土壤，多施石灰土后再播种。

2 间苗①

真叶 1~2 片时，按 3 厘米的株距进行间苗并培土。

3 间苗②

真叶 4~5 片时，按 10 厘米的株距进行间苗并培土。

4 追肥

从第 2 次间苗后开始，每 2 周追肥 1 次并培土。

5 采收

株高 25 厘米左右时，剪断主枝进行采收。也可以连根拔出，整株采收。

栽培月历

●播种 ○移栽 ▲间苗＋追肥 ■采收 ◆主要病害
◇主要害虫 △其他

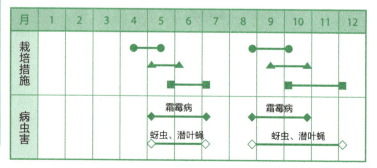

Q1 发芽不良是怎么回事?

A 茼蒿与莴苣一样,是喜光性种子。因此,播种后若覆土过厚,就会发芽不齐,进而生长不良。薄土覆盖,厚度以种子若隐若现为宜,直至发芽的 3~4 天内,都不要让土壤干旱缺水。再者,催芽后播种也很有效。关于喜光性种子可参见第 171 页的 Q6,关于催芽播种可参见第 170 页的 Q5。

Q2 11 月下旬,叶缘变成茶色,叶片枯萎。

A 茼蒿生长发育的适宜温度是 15~20℃,到了 11 月下旬,由于气温下降直至霜降,茼蒿已不能生长,叶缘变成茶褐色进而枯萎。寒冷纱的防寒力肯定不行,如果采用塑料薄膜拱棚覆盖,直到新年都可以采收水灵灵的茼蒿。但是,塑料拱棚内温度过高,会带来不良影响,应选择均匀分布着换气孔的塑料薄膜。

Q3 因地域不同,采收方法有所不同,都有什么方法?

A 茼蒿的采收方法有两种,一种是植株长到25 厘米左右时,连根拔起,整株采收;另一种是用手或剪刀按一定顺序采收,新发出的嫩叶再次采收。稍早之前,在日本关西地区采用整株拔起法,关东地区采用分次采收法。现在,这种地域区分已经没有了。采用分次采收的,在第2 次间苗后每 2 周追肥 1 次。

整株拔起法(上图)与分次采收法(下图)

红凤菜

[菊科]

⚠ 重点提示

勤采勤摘，抑制株高。

基肥

石灰土（含镁、钙）100 克 / 米²，堆肥 2 千克 / 米²，化肥 100 克 / 米²。

追肥

化肥 30 克 / 米²。从移栽 3 周之后开始追肥，每 2 周追肥 1 次。

浇水

移栽与干旱时浇水。

连作建议

隔 1~2 年再种更好。

难易度 易 中 难

栽培速成

1 培育插芽

将蛭石装入营养钵，栽入插条。购买的、用于食用的红凤菜，也可以剪其茎叶做成插条。

2 移栽

当新生的根在钵内弯曲回转时，就可以移栽了。按 30 厘米株距进行移栽。

3 追肥

移栽 3 周后开始追肥，每 2 周追肥 1 次并培土。

4 采收

株高 50~60 厘米时，摘取顶端 20~30 厘米长的细嫩茎叶部分。

栽培月历

●播种 ○移栽 ▲间苗 + 追肥 ■采收 ◆主要病害 ◇主要害虫 △其他

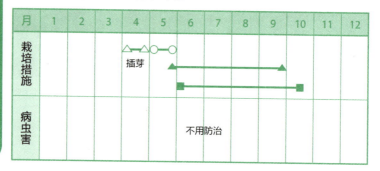

月	1	2	3	4	5	6	7	8	9	10	11	12
栽培措施				△▲○○ 插芽								
病虫害					不用防治							

156

Q1 红凤菜植株长得太大了。

这是夏天采收速度跟不上植株生长速度造成的。
红凤菜在日本称为金时草或水前寺菜，如果放任生长，植株可长到 1 米以上。所以应勤采收，把植株控制在 50~60 厘米的高度，这是红凤菜栽培的要点。请随时采收好吃的新叶来食用吧！

通过采收将植株高度
控制在 50~60 厘米

Q2 没看到结出种子，那如何进行繁殖呢？

红凤菜不能结种，是通过育苗移栽来培育的。扦插是最简单的繁殖方法。由于其原产于热带，属于健壮而皮实、耐热而容易培育的蔬菜；又因其营养价值高，又易于烹饪，所以是值得推荐的蔬菜之一。从超市等地购买的、用来食用的红凤菜也可以用作插条来栽种。插条繁殖分为以下几步：

①剪取带有 4~5 片叶的茎，将大叶片剪去一半，成为插条。②在营养钵内装入蛭石，浇水，让蛭石充分吸水，栽入插条。③生根大约需要 2 周时间，当根在钵内弯曲回转，从钵底的孔穴中可以看到白根时，就可以移栽到大田了。

1 根红凤菜枝条可以剪成几根插条

Q3 请问红凤菜如何越冬？

红凤菜是热带多年生草本植物，其耐寒性很差，在露地一般不能越冬。如果想让植株越冬，可将其装在盆钵内，放在室内直到春天到来。

如前所述，利用茎条扦插是很简单的繁殖方法，所以，还是每年用此法来培育新株比较好。

菜蓟

[菊科]

⚠ 重点提示

栽种当年以蓄积养分为目标，第 2 年再采收。

基肥

石灰土（含镁、钙）100~150 克 / 米^2，堆肥 2 千克 / 米^2，化肥 100 克 / 米^2。

追肥

化肥 30 克 / 米^2，堆肥 2 千克 / 米^2。第 1 年从移栽 2 个月后开始，每月追施化肥 1 次。第 2 年除冬月以外，每月追施化肥 1 次，12 月把堆肥作为底肥进行追施。

浇水

移栽时浇水。

连作建议

多年生宿根植物，可连续多年栽培。如果采用分蘖繁殖的，以隔 2~3 年再种为宜。

难易度 易 中 难

栽培速成

1 播种

每个营养钵内播 4 粒种子，发芽后保留 3 棵，真叶 2~3 片时保留 2 棵，真叶 4~5 片时只保留 1 棵。

2 移栽

菜蓟属于可栽培的多年生蔬菜，所以要考虑栽植的场所，按株距 80~100 厘米定植。

3 追肥

第 1 年从移栽 2 个月后开始，每月按规定量追肥 1 次并培土。第 2 年之后，除严寒期（1~2 月）外，每月仍按上一年的规定量追肥。

4 培肥地力

冬天，地上部枯萎，以堆肥作为底肥来追施。

5 采收

第 2 年春天，抽薹现蕾后但还没开花前，将花蕾（花苞）用剪刀剪下来。

栽培月历
●播种 ○移栽 ▲间苗 + 追肥 ■采收 ◆主要病害 ◇主要害虫 △其他

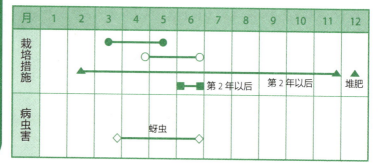

Q1 菜蓟如何食用呢?

A 菜蓟与蓟是同类,可食用的是花萼片的基部(苞片的根儿部)和花蕾中心的花托部分。为防止其变色,加入柠檬汁和盐后水煮,再醮上蛋黄酱或调味酱食用,有微微的香甜味,又像蚕豆一样绵软细腻。也可将花萼片(苞片)一片片地剥下来,用牙齿咬住萼片的基部刮食,或将柔嫩的花托切成片食用。

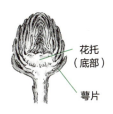

花托
(底部)

萼片

这种状态的花苞是采收的适期

咬食萼片的基部白嫩部分

Q2 有培育大蕾的窍门吗?

A 花蕾长在主枝及叶腋处长出的侧枝的顶端,如果让所有主、侧枝都结出花蕾,每个花蕾都会很小。所以,每个植株只保留1~2个花蕾,其他的摘除。要在刚现蕾的时候趁早摘除。

采收的标准是:在开花前且萼片紧紧地包合在一起的时候进行采收。因为萼片不久就会张开,所以要不失时机地进行采收。花蕾中的花瓣可见时,萼片及花托已经变硬而不适于食用了。

Q3 植株有更换的必要吗?

A 栽种5~6年后,根及侧芽不断生长分蘖,植株间变得拥挤不堪,这时就要重新栽种植株了。重新栽种的适期是在9~10月,即植株生长衰落的时候。在新芽发出之前,将植株连根带分蘖苗整个儿挖出,分割成若干个子株,重新栽种。采用分蘖繁殖时,为了避免连作障碍,选择的地块须在2~3年内没有种植过菜蓟。

Q4 春天,蚜虫密密麻麻的,怎么办?

A 春天,蔬菜比较少,害虫容易附着在刚长出来的新叶上为害。如果发现有蚜虫为害,请使用"阿利塞夫"或"饴糖粉"等天然农药喷洒防治。

莴苣类

[菊科]

 重点提示

喜好凉爽的气候，易于春、秋栽培。

基肥

石灰土（含镁、钙）100 克/米²，堆肥 2 千克/米²，化肥 100 克/米²。

追肥

化肥 30 克/米²，堆肥 2 千克/米²。从移栽 2 周后开始，每 2 周追施化肥 1 次。

浇水

移栽时浇足浇透水。

连作建议

以隔 1~2 年再种为宜。

难易度 易 中 难

栽培速成

1 移栽

采用营养钵育苗带土移栽。覆土要浅，以钵土可见为宜。

2 追肥

移栽 2 周后开始，每 2 周追肥 1 次并培土。

3 采收

如果是球莴苣，用手压莴苣球，有硬实的感觉，就可以从根部砍下来采收。如果是叶用莴苣，叶片的生长范围达到直径 30 厘米左右时就可以采收了，既可整株采收，也可以从外部叶片开始分次分批地采收。

栽培月历

●播种 ○移栽 ▲间苗＋追肥 ■采收 ◆主要病害
◇主要害虫 △其他

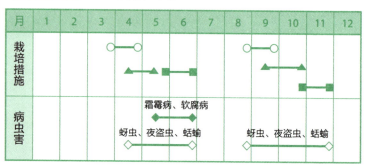

Q1 发芽不良是怎么回事?

A 清淡而爽脆的味道和口感是莴苣的魅力所在。但在栽培上,它又是与众不同的蔬菜。莴苣喜欢凉爽的气候,发芽的适宜温度是 18~20℃,10℃以下或 25℃以上都会造成发芽不良。春天和秋天是适宜栽培的时期,夏天,如果不是高寒地区,很难采收到品质好的莴苣。

因此,为了在气温高的时期发芽整齐,可采用"催芽播种",具体操作如下:①播种之前,将种子用纱布等包裹,放在水中浸泡一昼夜。②轻轻地把水沥干,用塑料袋或保鲜膜将种子包住,放入冰箱冷藏室内保存 1~2 天。③当种子稍稍露出白根时,就可在大田播种了。此法对夏天播种特别有效。另外,莴苣种子是发芽需要光的喜光性种子,播种时覆土要极其薄,以种子若隐若现为宜。关于催芽播种,请参见第 170 页的 Q5。

Q2 刚移栽不久的苗,从近地面处折断、倒伏,这是怎么回事?

A 是切根虫为害的症状吧。在植株周围的土壤中一定有幼虫存在,请挖一挖被害植株周边的土壤,如果有白色幼虫,那是金龟子的幼虫,如果是灰色幼虫,那是夜盗蛾的幼虫。一经发现,立即捕杀。关于切根虫的内容,请参见第 108 页的 Q5。

Q3 叶色浅,显得不健壮,是怎么回事?

A 首先要考虑氮素是否不足。需要注意的是,如果肥料不足,就不能很好地包心结球。在基肥少施的情况下,应通过追肥加以补充。其次是光线不足,由于株距过窄或其他蔬菜遮阴而导致。

Q4 结球莴苣不结大球,这是怎么回事?

A 结球莴苣结大球的前提条件是:结球前外层叶片尽可能地长大,即培育大叶。因此要施足基肥,不要发生营养不足的现象。如果因营养不足而造成外叶枯萎,结球叶片就会向外开展,最终不包心结球或结小球。

Q5 从切口处流出了白色液体，这是什么?

A 采收时从植株茎和叶的切口处流出的汁液是细胞液。它看上去像是乳（液），所以莴苣的学名是"Lactuca sativa"，其中的"lac"就是"乳"的意思，沾到叶片上就变成茶褐色，影响外观，所以采收后需用毛巾擦拭。

Q6 在庭院前面栽种的叶用莴苣抽薹了。

A 莴苣类蔬菜，具有在长日照条件下花芽分化而抽薹的性质，因此称为"长日照植物"。栽培在门灯或路灯旁等夜晚明亮的地方，或室内灯光照得到的地方，有时就会抽薹，这可以说是都市园艺的盲点。菠菜也有这一特点，应加以注意。

Q7 莴苣都有哪些种类?

A 主要有结球型、叶用型、茎型等类型。结球型的又有结球莴苣和半结球莴苣之分，半结球莴苣被称为奶油生菜，常用于做沙拉。结球莴苣与其他类型的莴苣相比，栽培期长且有一定的难度。

叶用型莴苣，日本从很早就有被称为"摘叶莴苣"的品种。叶色有绿色的、红色的；叶形和叶缘有很多种类，富于变化且各具形态，即便在花坛里种植，也是很美而值得欣赏的。从移栽到采收大约 30 天。茎型莴苣取食的是莴苣的茎，是另一种风格的莴苣。最近，将莴苣的茎干燥后制成"贡菜"，很受人们的欢迎。

作为莴苣的近缘种，有菊苣、意大利菊苣、苦苣等，其苦味更强一些。

基础篇
A & Q

关于土壤

Q1 适于蔬菜栽培的土壤是什么样的呢？

A 培育健壮的蔬菜，根的生长是至关重要的。只有根在土壤中广泛而深入地扩展、分布，才能有效地吸收水分、养分和氧气。适于根生长的，应该是排水性、透气性、保水性良好的"团粒结构"土壤。

土壤由细微的颗粒组成（单粒结构）。颗粒与颗粒之间空隙很小，排水与透气性很差，是不适于蔬菜生长发育的。多个土壤颗粒聚合在一起形成团子状的团粒。由多个团粒再聚合在一起形成的土壤结构称为团粒结构。团粒与团粒之间有较大的空隙，排水与透气性良好，此外，每个团粒中的一个个小空隙又能够保水，所以团粒结构的土壤具有良好的保水性。另外，好的蔬菜栽培用土壤，还需要酸碱性适当、肥料养分充足和无病虫害侵入。如果这些条件不具备，就要进行土壤改良。

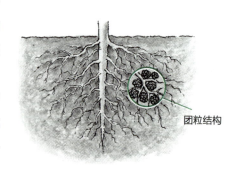

团粒结构

Q2 怎么判断是否是团粒结构的土壤呢？

A 请按下面的5步来试试看：①用手指插入田块的表土层，能轻松、顺利地插入就是好土壤。②用铁锹等工具翻挖土壤至坚硬土层，松软土层厚度在20~30厘米时，可视为合格土壤；如果在15厘米以下，就要进一步挖起坚硬土层，使耕作层达到合格指标。③用铁锹等工具翻挖时要细致，挖出的土块要用铁锹拍碎，变成细碎的好土。④细耕之后，取一把含有适当水分的土壤，握紧，土呈拳状，用指尖轻压便迅速溃散，这样的土壤就叫团粒结构的土壤。如果手握不紧，说明土壤砂性成分大；如果指压也不轻散，说明是黏性土壤。⑤观察土的颜色及颗粒的形态，也能区分砂质土和黏质土。

Q3 请教一下土壤排水性的检测方法。

A ①雨停之后，经过1~2天的渗透，挖起田里的土壤，若能自由松散开来，就是排水性能良好的土壤；如果土壤呈湿块状，就是排水不良的土壤。②观察附近农家的土地，因为农家种田时一般都会考虑土质及排水性。如果土垄的高度为5~10厘米，说明土壤排水良好；如果土垄高度为20~30厘米，说明土壤排水不良。由此可以做出判断，也可直接向农家询问。

Q4 土壤改良的材料都有哪些？

A 用于土壤改良的物质、材料称为土壤改良材料，如堆肥、腐叶土、石灰等。它们在改善土壤状态的同时，也成为肥料，其主要特性汇总在表1中。

表1　主要的土壤改良材料及其特性

土壤改良材料	特性
堆肥	将稻草、牛粪等混合，加水后使其发酵、腐熟，这样形成的粪土就是堆肥。堆肥具有透气性、保肥性、保水性优良的特点。注意堆肥必须在完全腐熟后才能施用
腐叶土	将阔叶树木的落叶进行沤制、腐熟而形成的土，叫腐叶土。其透气性、保水性优良
石灰	对酸性土壤起中和作用，还有促进有机物分解、土壤团粒化、微生物繁殖等作用。但施用过量，会引起土壤板结
珍珠岩	将珍珠岩矿石与黑曜石混合粉碎，再经高温处理而形成的人工用土。因其多孔，排水性、透气性优良，但保肥性、保水性略差
蛭石粉	生蛭石经高温处理后得到的人工用土。因其多孔，透气性、保肥性优良
泥炭苔土	苔藓类植物腐熟后形成的土，是腐叶土的替代品，其透气性、保水性优良。因其呈酸性，常用来调整土壤的酸碱性
绿肥植物	种植紫云英、三叶草、高粱等植物，在其生长茂盛之后，翻耕到土壤中，起到缓解土壤疲乏、恢复地力的作用

Q5 土壤排水性不良，雨后总是泥泞不堪，怎么办？

A 在土壤中加入堆肥，然后仔细耕耙，使土壤变得松软。同时可加入珍珠岩，用量为 5 升 / 米² 以上，来改善土壤的透气性和排水性。将种植的绿肥植物收割、粉碎之后，翻耕到土壤中，也是有效的方法。采用高垄栽培，也是提高排水性的好措施。

Q6 浇水后，水马上渗入地下，土壤总是干干的。

A 这是因为土壤是砂性土，透水过度造成的。将堆肥和黏质土（红土或黑土）混合，将堆肥按 4 千克 / 米²、黏土按 2 千克 / 米² 广泛撒施于土壤中，再仔细耕耙。也可将蛭石粉掺到堆肥中，用量是 1~2 升 / 米²。不通过改良土壤，使用地面覆盖物也是有效的。相对于稻草等天然物质，地膜的效果更好，可以防止地表水分的蒸发。

Q7 每种蔬菜都有其适宜的土壤酸碱度吗？

A 在温暖多雨的日本，钙（Ca）、镁（Mg）容易流失，土壤有酸化的趋势，这是日本土壤的一个特征。大多数蔬菜喜爱中性至弱酸性土壤，测定并调整土壤的pH，使其与蔬菜喜好的酸碱度相近，蔬菜就能健康地生长。每种蔬菜最合适的土壤酸碱度是不同的，如表2所示。

表2　主要蔬菜最适宜的土壤酸碱度

酸碱度（pH）	主要蔬菜
6.5~7.0 微酸性至中性	豌豆、菠菜等
6.0~6.5 微酸性	芸豆、毛豆、南瓜、花椰菜、黄瓜、玉米、番茄、茄子、白菜等
5.5~6.5 微酸性至弱酸性	草莓、甘蓝、小松菜、萝卜、洋葱、胡萝卜等
5.5~6.0 弱酸性	红薯、大蒜、马铃薯、生姜等

酸碱度对蔬菜的生长发育有很大影响，因此要尽可能准确地测定。可以用pH试纸（石蕊试剂）、简易pH测量器（取土样加入蒸馏水混合，沉淀后在上面的澄清溶液中加入药剂与之反应，从而测量出pH的仪器）、酸度测量器（将其插入土中，就可读出土壤的pH）进行测量，其测量方法、精度和价格各不相同。

另外，还可以从周边生长的杂草种类来加以判断。问荆、车前草、鼠曲草、莎草、酸模草生长茂盛的地块，可认为其土壤呈酸性。

Q8 测定结果，土壤呈酸性，对此怎么处理？

A 在开始种植蔬菜前的14~30天内，向土壤中撒施石灰土，施用量为100~200克/米^2，耕匀后，再次测量土壤pH，将pH调整到6.0~6.5。

在撒施石灰土后的1~2周内，按2千克/米^{2}撒施堆肥，然后耕匀耙细。

Q9 如果是碱性土壤，怎么处理呢？

A 在日本，自然状态下的碱性土壤是不存在的。但是，在过量施用石灰土的地块、土壤钙镁流失少的设施栽培的地块，有时会出现土壤呈碱性。

改良碱性土壤，可以种植被称为"清洁作物"的玉米，来吸收土壤中的盐分，也可以种植喜好碱性土壤的菠菜来吸收石灰土成分，这些都是有效措施。另外，施用硫酸铵、氯化铵、硫化钾等酸性肥料来中和土壤的碱性，也是有效的方法。

Q10 在冬天农闲期内，如何改良土壤？

A 有称之为"冬耕"的方法。在1~2月的严寒期内，将堆肥和腐叶土等有机肥料撒到田地里，用铁锹粗粗地翻耕，让掘出的土块原封不动地暴露在寒风中，使土壤中的水分反复地结冰、消融、干燥，促进其团粒化，透气性也变得优良。同时，低温还起到了杀死土壤病原菌和害虫的作用。

Q11 如何充分利用夏天的酷暑来改良土壤?

A 给田块覆盖地膜,利用太阳的热量来消毒,称为"日光消毒"。用铁锹翻挖土壤约 30 厘米的深度,让表土翻入地下,翻上来的生土接受日晒。砸碎土块,去除前茬作物的叶、根。

给田块浇足水,加盖透明的塑料薄膜或其他覆盖物质,静置 7~10 天。

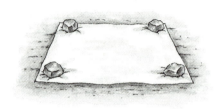

日光消毒

因土壤内部的温度可达 60℃以上,这样的高温能杀灭病原菌和害虫。这是利用环境来改良土壤的简单易行的方法。

Q12 从市面上购买营养土时,应注意什么?

A 采用营养钵育苗或箱式栽培时,市面上有多种类型的配方营养土可供选择。请对照下面的要点来进行购买:①市面上有蔬菜用、中草药用、花草用等类型的营养土,要根据种植的类型进行选择。②确认一下营养土的主要配方原料,因为是混合土,要了解其排水性及透气性;种植蔬菜用土,应注意选择含有火山灰土和蛭石等排水性良好的,并且堆肥、腐叶土配比平衡的土壤。若含红土或黑土过多,排水性就差,要注意这一点。③确认一下肥料的配比,如果肥料配方完全,就不用再施基肥。④如果有 pH 标识,应确认一下范围,选 pH 为 6.0~6.5 的比较好。⑤本着"土是用来种菜的"这一基本点,选择规范地标有生产厂家名称、质量好的营养土。

关于苗、种子及栽培管理

Q1 F1 代品种、固定品种指的是什么?

A 品种或品系不同的父本、母本进行杂交,产生的子代具有优于双亲的性状(杂种优势)。采用这种方式育种,培育出的杂交一代叫F1代品种,具有生育旺盛、长势整齐的特征,可以实现有计划地播种。但是,F1代品种的种子如果作为自家留种再次种植,F2代会出现性状分离,结出的种子就不一定是同一种东西了。

所谓固定品种,就是选拔品种中的优秀个体,经过选种—培育—再选种—再培育这样几代反复培育而获得的品种。栽培固定品种,自家留种后再种,培育出的蔬菜与亲本保持相同的性状。

顺便提一下,本地品种是在一定的地域内栽培、交流的地方性蔬菜品种,几乎全是固定品种。近年来其作为传统蔬菜再次引起人们的关注。

Q2 如何防止连作障碍?

A 在同一田块上,连续栽培同一种或同一科的蔬菜,称为连作。因"连作"而引起的生理障碍称为连作障碍。增加种植蔬菜的种类并相互配置,增加轮作年限,可以有效地防止连作障碍。对于狭长的、难以轮作的地块,可以选择抗土壤病害能力强的品种来播种,也可以选用价格较高的嫁接苗。积极地施用堆肥等有机肥、营造 pH 恰当的健康土壤也是防止连作障碍的有效方法。

发生根瘤病的土壤,推荐用"石灰氮"进行土壤消毒。施用初期是作为"农药",其后分解变成肥料,所以也称其为农药肥料。

Q3 播种的方法有几种?

A 播种方法有"点播""条播""撒播",其操作方法与优点如下:
点播是按一定的间隔挖穴,每个穴内播下几粒种子的播种方法。其优点是减少间苗次数,又节省种子。萝卜、毛豆、玉米等都采用点播。

条播是开挖一直线型的浅沟，在其中点入一列种子的播种方法。小松菜、菠菜等青菜类蔬菜几乎都采用这种播种法。出苗后，苗在一条直线上生长，间苗和浇水管理都很方便。如果采用双条播种，还能提高栽培效率。

撒播是在整个地块里散布种子的播种方法，一般在狭长的地块采用。撒播很"爽快"，但用种量大。另外，若要获得高产，间苗等后续的管理工作很重要。

Q4 起垄的基本要求是什么？

所谓起垄，是种菜时为了播种或育苗，将田块里的土壤沿着某一方向做直线性堆积，形成细长且有一定宽度的土垄，使用的工具是铁锹或锄头。垄的高度，一般排水性好的地块为5~10厘米，排水性不好或地下水位高的地块为20~30厘米。

垄的走向需根据田块的大小、形状、倾斜度等具体情况来采取相应措施。平坦的地块要考虑光照，一般沿东西方向起垄；有高低落差的地块，为避免土壤流失，应沿着等高线起垄。

Q5 播种前浸种好不好呢？如何操作呢？

为了促使发芽整齐，播种前将种子进行浸泡处理，称为"发芽处理"或"催芽"。当种子发芽的适宜温度与播种时的温度有差值时，浸种可以提高发芽率。例如，在18~20℃发芽的菠菜、莴苣，通过浸种在高温期也可进行播种；黄瓜等果菜类蔬菜有时也用温水浸种；秋葵、芦笋等种皮坚硬、吸水缓慢的蔬菜种子，浸种也是有效的。

相反，不用浸种的毛豆和紫苏等如果浸种，有时会引起发芽不良。所以必须注意，并非所有的蔬菜浸种都有效。与其浸种，不如适时播种，让种子在固有状态下，通过适时浇水等细致的管理来提高发芽率。

菠菜和莴苣的发芽处理方法如下：①将种子用纱布包好，在水中浸泡一昼夜。②从水中轻轻地取出，在未干的状态下装到塑料袋中，放入冷藏箱内2~3天。③看见有白根长出时取出来，按常规的方法播种。

Q6 播种之后，覆盖土层的厚度为多少才合适？

A 覆盖土层的厚度（覆土）以"种子直径的3倍"为基准。但是，有的蔬菜，光照能促进发芽，覆盖土层以薄薄地刚刚盖住种子，种子若隐若现为宜，如果过厚，有时不能发芽，这样的种子叫喜光性种子（光敏感种子）。相反，发芽不需要光照的种子叫嫌光性种子（需暗性种子）。播种这一类型的种子，覆土厚度按"种子直径的3倍"为宜。主要的喜光性种子与嫌光性种子汇于表3。

表 3　喜光性种子与嫌光性种子

	喜光性种子	嫌光性种子
主要蔬菜种类	莴苣 生菜 香芹 牛蒡 茼蒿 胡萝卜 西芹 三叶芹 紫苏	番茄 茄子 青椒 黄瓜 萝卜 南瓜 大葱 洋葱
覆土厚度	土刚刚盖住种子，以种子若隐若现为宜	以种子直径的 3 倍为宜

Q7 多余种子的保存方法。

A 种子的保存，最重要的 3 点是干燥、低温、黑暗场所。将种子与干燥剂一起装在罐或瓶中，放置在 15℃以下的冷暗处保存。最好放在用作蔬菜储藏室的冷藏箱内保存，也可以放在朝北方向的储藏室内或床下等地方保存。

Q8 间苗时保留什么样的苗才好？

A 间苗时，最先拔除的是子叶形态不佳、有虫蚀痕迹、发育不良的苗。即便是同时播种，出苗后的生长情况也各不相同。选留初期发育早、个儿大、株型整齐的好苗，是获得好收成的关键。

Q9 请教一下选好苗的方法。

A 对于初学蔬菜栽培的人来说，果菜类及甘蓝、西蓝花等菜苗，大多从园艺店等处购买种苗来种植，因此，选择好的菜苗变得十分重要。俗语有"苗半作"，意思是苗的好坏决定了农作物收成的一半。

甘蓝类、白菜按以下几点选苗：①真叶 5~6 片。②节间紧凑、牢固。③叶色浓郁。④没有病虫害侵袭。⑤双子叶壮实。⑥如果是营养钵育苗，从钵底的小孔中可以看见白色的根。果菜类的选苗要点，参见番茄栽培第 21 页的 Q1。

Q10 果菜类大多采用移栽苗进行栽培，那么自己可以育苗吗?

A 茄科和葫芦科的果菜类，4 月下旬 ~5 月上旬是移栽适期。茄子需要 2 个月、黄瓜需要 1 个月的育苗期。为了能适期移栽，必须在 2~3 月进行播种，寒冷时期还需要人工创造温暖的育苗环境，这些对于初学者来说是难度很高的事情。果菜类育苗，应由中、高级栽培人员来操作，并且要有保暖设施才能进行。初学者还是购买菜苗来栽植为好。

尽管如此，想从种子开始培育的蔬菜品种还是有的，可参考下面的流程采用营养钵育苗法，最好不要直播。因为育苗需要 2 个月的时间，采收会大幅推迟，所以并不推荐，除非有错峰采收的计划。营养钵育苗可以提高大田的有效利用率，可以集中产出，并能从中选择出优良的好苗，还可以采用集约式管理，其优点是很多的。

①在塑料营养钵中装入营养土，播上几粒种子，浇水。发芽前每天补水，不要缺水。②将其排放在箱子中，罩上透明的塑料薄膜保温。白天放置在光照良好的场所，温度要保持在 20~30℃；夜间移到室内，温度要保持在 15~17℃。③真叶 1~2 片、3~4 片、5~6 片时分 3 次间苗，最终保留 1 棵。④花芽初现或初花时进行移栽。

主要的果菜类育苗期与定植适期如表 4 所示。

表4　主要的果菜类育苗期与定植适期

蔬菜名称	育苗期	定植适期
番茄、青椒、狮头椒、茄子	60~70 天	真叶 8~9 片、第 1 朵花开放时
黄瓜、南瓜、西瓜、甜瓜	30~40 天	真叶 3.5~4 片时

Q11 有适合移栽的日子吗?

A 有。首先,在施入含有堆肥、石灰土、化肥的基肥后,经过 7~10 天,让基肥与土壤充分腐熟。其次,春天移栽的果菜类,要铺土壤覆盖物 3~4 天使土壤升温。

以上准备完成后就可以移栽定植了。最好的日子是没有风的阴天。光照强的晴天和风大的日子容易伤苗,应尽可能避开。

Q12 有能移栽的蔬菜和不能移栽的蔬菜吗?

A 蔬菜的栽培有直播和移栽两种方式。像容易产生双根的萝卜、胡萝卜等直根类和短时间内就可采收的小松菜、菠菜等叶菜类一般采用直播。其他的蔬菜虽然既可以直播也可以移栽,但番茄和茄子等果菜类蔬菜,还是参照第172页的Q10,按其中表述的移栽方法进行栽培,这是目前蔬菜栽培的主要方式。

即便是能移栽的蔬菜,根受伤的耐受性也有强弱不同。一般认为甘蓝、西蓝花移栽能力强,白菜等就弱。间苗时去除的苗再向其他地方移栽时,为了不伤根,要仔细地带土挖出,这样便于移栽;营养钵培育的苗,要带着整个钵土来移栽。另外,苗的大小也与根受伤程度有相关性,一般从双子叶到长出 1~2 片真叶,这一期间的幼苗移栽时容易存活。苗越大,移栽的成活率越低。

Q13 为什么要摘心?

A 截断枝的顶端,阻止其生长,这就叫摘心。番茄、黄瓜等果菜类蔬菜,如果放任其生长,枝叶茂盛而难以收拾,有时会影响产量。对枝或蔓进行摘心（整枝）在蔬菜栽培管理中占有很大的比重。另外，空心菜、明日叶等多次采收的叶菜类，通过对主枝进行摘心来控制植株高度，从而有效地促进侧芽（侧枝）生长。

Q14 利用嫁接苗的好处有哪些？

A 所谓嫁接苗，就是在抗病性强的品种上嫁接栽培品种而得到的苗，最大的优点就是不会产生连作障碍。可利用嫁接苗的有番茄、茄子、黄瓜、西瓜等果菜类蔬菜。黄瓜嫁接苗是以低温下生长的南瓜苗作为砧木来嫁接的，使黄瓜初期的生长发育状况变好，产量也提高了，同时黄瓜果皮上也带有闪亮的蜡粉层，这是砧木的品种特性。一般嫁接苗与自根苗相比，价格要高出2~3倍。

随着植株的生长，嫁接部位以下、砧木上的芽有时也会长出来，一定要摘除。请参见第26页的Q4、第33页的Q1。

Q15 什么是"通风状况良好"？怎样才能做到？

A 通风状况良好，可以有效地减轻病虫的为害。为此，剪除植株自身多余的枝叶——"整枝"是重要的措施。例如：番茄采取摘去侧芽，只保留1根主枝的整枝法；茄子和青椒采取每棵保留3根分枝的整枝法；黄瓜近地面处5个茎节上的侧芽全部摘除、下方的叶片也摘除，这些措施都能改善通风透气性。另外，黄瓜等在地面上爬蔓的蔬菜，通过竖杆立架，让茎蔓在支杆上攀爬，也是有效的措施。对于叶菜类蔬菜，合适的株距防止产生闷热，也是有效的措施之一。

庭院种菜时，要修剪周边树木的枝叶，确保光照和通风。

Q16 晚霜和初霜时节如何来管理呢？

A 4月下旬的晚霜和11月下旬的初霜，是蔬菜栽培的两个时间关键点。番茄和黄瓜移栽之后如果遇晚霜，一夜就会枯萎。所以，果菜类的移栽适期，是在不必担心晚霜的4月下旬~5月上旬。

红薯和芋头等，最理想的是在 11 月下旬的初霜到来之前完成采收。如果发现红薯和芋头的叶片有枯萎的变化，就说明下霜了，采收过晚，薯块容易腐烂。

霜降期，每个地区都有大致的日期表，请向当地的农家询问或注意气象台的播报。特别要关注初霜、晚霜前后的天气预报，如果有"霜情预报"特别推出，那么春天的移栽就要推迟，秋天不耐霜的蔬菜要加快采收。

Q17 经霜的蔬菜味道更美，是真的吗？

A 是真的。菠菜和小松菜等叶菜类蔬菜，若11月下旬之后仍种植在田块中不管，夜间受寒冷的侵袭，会叶片变厚、叶色变浓。这一现象的发生，是叶片为了抵御寒冷、提高耐寒性，从而减少水分，增加糖分和维生素的结果。因此霜打后的蔬菜变得甘甜好吃，此现象也称为"经霜"。

因"经霜"而带来营养价值的提高，这类蔬菜还有水菜和薹菜等。

Q18 制订栽培计划时，应注意的有哪些？

A 首先要了解蔬菜的基本特性。顺序是：①为了防止连作障碍，田块的轮作模式要做好组配。田块的休耕年限（隔几年种植好呢？）因蔬菜种类的不同而不同，请参考本书"实践篇"中每种蔬菜对应页面上的"连作建议"。②选择栽培季节。因为每种蔬菜都有其适宜的栽培季节，4~5 月，种植喜好凉爽气候的小松菜、菠菜、莴苣等蔬菜比较好；5~8 月，随着气温升高、暑热增强，倾向于种植果菜类和菜用黄麻、莙达菜等叶菜类；9~12 月，以种植适合凉爽气候的白菜、甘蓝、茼蒿等叶菜类和萝卜、小芜菁等根菜类为主。③要考虑从播种或移栽到采收时栽培期的长短。像小松菜大约 30 天就能采收，而像芋头就要经过半年以上的时间才能采收，各种蔬菜的生育期长短是不一样的。

把这些不同生长季节、不同生育期的蔬菜像拼图一样做好组合搭配，就制订出了栽培计划。这项工作是煞费苦心的，但从另一方面来说，又是令人心动并且快乐的事情。制作出的计划表是第 2 年栽培工作的基础，所以要好好保留。

Q19 栽培记录是什么?

A 关于栽培记录,虽没有特别规定的书写方式,但多年坚持下来,也是一笔宝贵的财富,所以务必坚持记载栽培记录。其不仅记下了田间作业及发现的问题,而且成为第 2 年之后的资料。

以小松菜为例,栽培记录的样式如表 5 所示,请参考。

表 5 小松菜的栽培记录

	2017 年春	记录(当天的作业等)	2017 年秋	记录(当天的作业等)
品种名 (种苗公司)				
基肥量和施肥日期	堆肥　　　千克 石灰土　　　克 化肥　　　克 　　　月　日		堆肥　　　千克 石灰土　　　克 化肥　　　克 　　　月　日	
播种日期	月　日		月　日	
间苗(第 1 次)	月　日		月　日	
间苗(第 2 次)	月　日		月　日	
追肥量和追肥日期	化肥　　　克 　　月　日		化肥　　　克 　　月　日	
采收日期与采收量	月　日 　　克		月　日 　　克	
采收后的工作	月　日		化肥　　　克	
病虫害的发生及防治措施	月　日 病虫害名称 药剂名称及喷洒日期等		化肥　　　克 病虫害名称 药剂名称及喷洒日期等	

注:记录一栏中,可以记录大致的天气状况及变化趋势、栽培管理作业内容和次数等。

关于肥料

Q1 请问有机肥料和无机肥料（化学肥料）的区别有哪些?

A 蔬菜生长过程中不能缺少的肥料一般分为两大类，分别是以动植物为原料的有机肥料和化学合成的无机肥料。有机肥料包括牛粪、鸡粪、油粕（榨油后的渣子）等。用于土壤改良的堆肥也是有机肥料中的一种。有机肥料施入土壤后，在微生物的作用下发生分解，然后才能被植物吸收，所以从施用到产生效果需要一定的时间，是会长期、缓慢地发挥作用的肥料。

无机肥料（化学肥料）是由氮、磷、钾等元素经化学合成而成的化学肥料，包含肥料三要素中1种成分的叫单肥，包含2种以上成分的称为复合肥。其中的必要成分是可以正确地测算出来的，然后再去施用，肥效持续时间的长短也是能控制的。无机肥料有固体、粒状、粉状、液体等形态。

Q2 肥料为什么分成基肥和追肥?

A 为确保蔬菜从播种到采收生长发育过程良好，肥料起着重要的作用。特别是氮、磷、钾三要素容易出现不足，施用含三要素的肥料就叫施肥或肥料撒布。

蔬菜生长发育所需要的肥料总量在播种或移栽时一次施用，从节省施肥作业劳力来说是好的，但实际的情况是：蔬菜生长发育初期的养分吸收量极少，从生长发育中期到后期吸收量逐步增加。另外，在种植开始时将肥料总量一次施用，会因降水原因造成流失而不能被有效地利用。因此，把肥料总量分成基肥和追肥来施用，是有效的施肥方法。

Q3 请教一下基肥的施用方法。

A 有全田撒布的"全面施肥（全层施肥）"和挖沟埋肥的"条作施肥"两种方法。全面施肥适用于黄瓜、草莓等根系浅的蔬菜；相反，扎根深广的茄子、青椒等蔬菜及生育期长的白菜、甘蓝等蔬菜适合条作施肥。但是，萝卜、胡萝卜等直根类蔬菜，若在所开沟内施肥，再在其正上方再播种，根遇到肥料时会产生双根现象，所以一般采取全面施肥；若采取条施，就要错开施肥点来播种。

全面施肥适用于所有的蔬菜。当你对施肥感到困惑时，就采用全面施肥吧！

Q4 请教一下追肥的施用方法。

A 追肥因蔬菜的种类、是否覆盖薄膜等而有所不同。①萝卜、白菜等株距30~40厘米的蔬菜，在株与株之间追肥。②根据植株生长发育的程度，像小松菜、菠菜等在田垄的两侧或一侧追肥。③番茄、茄子和黄瓜等果菜类，若有薄膜覆盖，植株小的时候在薄膜上打孔穴施；当植株长到1米以上时，揭开薄膜的边缘，在田垄的两侧追施。

追肥要施到处于生长状态的根尖部位，这是追肥的要点。因为根的生长点在根尖，由根尖获得养分并不断地吸收、生长。

Q5 化肥与石灰质肥料不能同时施用，这是为什么？

A 化肥与石灰质肥料同时施用，堆肥与石灰质肥料一起撒布，如此操作会导致栽培失败。这是因为石灰质肥料与化肥或堆肥中的氮素成分发生化学反应，产生氨气，不仅烧苗，而且其重要的氮素成分以气体的形式挥发掉了。所以，施肥时，堆肥或化肥与石灰质肥料要间隔1周来施用，这个一定要加以注意。

如果因操作日程的关系，不得不同时施用时，一定要仔细地耕匀耙细，并严禁施肥与播种或移栽在同一天进行。

Q6 未腐熟的堆肥是有害的，主要有哪些？

A 因施用未腐熟的堆肥而引起的危害有以下几方面：①病原菌或害虫聚集，啃食根部，造成为害。病原菌从啃食形成的伤口侵入，容易引发病害。②堆肥分解过程中产生的气体，给发芽带来不利影响。③微生物把氮素作为营养成分吸收，从而导致氮素不足。④萝卜等直根类蔬菜，有的出现双根现象。

因此栽培蔬菜时，使用完全腐熟的堆肥是很重要的。堆肥是否腐熟了，请参照下面的几点来检查：①叶片和稻草等是否还保持其原来的形状。②还有没有臭味。③手握时是否还有温热感。④水分多不多。⑤堆肥中是否掺入锯末。完全腐熟的堆肥，原料固有的形态完全消失，与干燥的土壤接近。

关于病虫害及农药

Q1 家庭菜园中应注意的病虫害有什么？

A 只为害一种蔬菜的病虫害几乎是不存在的，大多会给整个科的植物或同一类的蔬菜带来为害。所以，事先掌握病虫害为害症状及防治措施等方面的知识，当一种蔬菜发病时，及时进行防治，不让其扩展，这是很重要的事情。主要病虫害的名称、为害症状、容易染病的蔬菜等参见表6。

Q2 病虫害的防治方法有哪些？

A 除药剂防治外，还有物理防治、生物防治、农业防治（栽培管理措施）等。首先，物理防治，如利用寒冷纱、塑料薄膜等物资材料来进行预防，可以说是无农药或少农药栽培蔬菜不可欠缺的措施。将寒冷纱罩在拱形棚架上就成为防虫网；若选用带有银色条纹的材料，蚜虫就难以靠近，达到驱避作用。

其次，所谓的生物防治，指的是利用害虫的天敌或寄生性的微生物或病毒等制成微生物农药来杀死病虫害。在利用害虫的天敌方面，对于蚜虫来说有七星瓢虫，对于菜青虫来说有菜粉蝶绒茧蜂，螳螂、蜘蛛也是消灭害虫的战斗员。另外，以 BT 菌为代表的微生物农药也是有防治效果的。

最后是通过栽培管理措施来防治病虫害。古老的、流传下来的农家智慧不是很多吗？例如，采用错开栽培时期、调整施肥量等方法来尽可能地减轻受害；禁止不合理的连作，增加株距、行距以保障通风透光性，及时清理杂草和摘除植株下部叶片等，创造良好的大田环境也使病虫害减轻。

表6　病虫害一览表

病虫害名称	为害症状	日常管理中的防治措施	容易受害的蔬菜	参照的页数
蚜虫	在新芽和嫩叶上群生，吸食汁液	罩寒冷纱、捕杀、叶面喷水	所有蔬菜	P27、51、57、145
叶螨	在叶片的背面群生，吸食汁液，导致叶片褪色	用强劲水流冲洗叶片背面（叶面喷水）	所有蔬菜	P27、51
小菜蛾	啃食叶片	罩寒冷纱、捕杀	所有十字花科蔬菜	P108
夜盗虫（切根虫）	啃食叶片	在害虫夜间活动的时候捕杀	所有的叶菜类、根菜类	P69、108、161
菜青虫	啃食叶片	罩寒冷纱、捕杀	所有十字花科蔬菜，特别是甘蓝及其同类	P69、108
二十八星瓢虫	啃食叶片	捕杀	所有茄科蔬菜	
潜叶蝇类	啃食叶肉，留下白色弯曲虫道	捕杀	所有蔬菜	P23
黄曲条跳甲	幼虫食根，成虫食叶	罩寒冷纱	所有十字花科蔬菜，特别是白菜及其同类	P75、101
烟草夜蛾（烟青虫）	啃食果实	捕杀	青椒等	P29
金龟子（幼虫是切根虫的一种）	啃食果荚及果实	捕杀	所有茄科蔬菜、毛豆等	P108
黄凤蝶的幼虫	啃食叶片	罩寒冷纱、捕杀	所有伞形花科蔬菜	P73
玉米螟	啃食茎及穗	捕杀	玉米等	P59
椿象类	吸食果荚的汁液	捕杀	毛豆等	P49

病虫害名称	为害症状	日常管理中的防治措施	容易受害的蔬菜	参照的页数
切根虫	啃食根造成植株倒伏	捕杀	所有的幼苗	P79、108、161
菜叶蜂	啃食生长点	捕杀	所有十字花科蔬菜	P69
白粉病	叶片上像撒了一层面粉	改善排水、通风透光条件	黄瓜、青椒、南瓜等	P34、100
疫病	叶片和果实上出现大的褐色病斑	改善排水、通风透光条件		
根瘤病	叶片白天萎蔫，夜间恢复，如此循环多日。若拔出植株，根上有瘤状物	轮作、选用CR品种、多施石灰土	所有十字花科蔬菜	P97、101
病毒病	番茄的叶片变成细长丝状，黄瓜的叶片出现斑驳的病斑	消灭传播病毒的媒介昆虫——蚜虫	番茄、黄瓜等	P63、83
软腐病	根基部变软腐烂，散发出恶臭味	改善排水、通风透光条件	洋葱、白菜、西芹等	P70、145
白锈病	叶片上形成白色的粉状斑点	改善排水、通风透光条件	小松菜、青梗菜、黄瓜等	P100
霜霉病	叶片上形成黄色病斑	改善排水、通风透光条件	甘蓝、茼蒿、黄瓜等	P137
茎枯病	茎基部（靠近地面部位）发生纵裂	采用嫁接苗	所有葫芦科蔬菜	P34

Q3 伴生植物搭配种植，有效果吗？

A 所谓的伴生植物，就是两种或两种以上的植物混合种植或间隔种植在一起，相互之间带来好的影响。多种植物之间的组合、搭配已为人所知，但其中在科学上难以解释的成分还很多。

实践证明，在种植金盏菊的土壤中，根结线虫的数量会减少。像这种在长期的种植中积累的经验还有很多，但要达到无农药、少农药栽培，还要尝试多种植物间的组配。

Q4 请教一下农药的选用方法。

A 市面上出售的农药，效果自不用说，其适用环境、适用植物、使用安全性等都通过了国家相关权威单位的认定，使用之前要仔细阅读使用说明书。

审阅说明书的关键有以下几点：①所能灭除的、特定的病害或害虫有哪些。②确认一下是否是在受害的蔬菜上能够使用的药剂？例如，对×××病有效的农药 A，在番茄上可以使用，但在黄瓜上不能使用；在使用对黄瓜的 ××× 病有效的 B 农药时，要确定安全使用的标准量是多少。③确认农药的使用时期和使用次数，特别要确认在采收前的多少天不能使用。④施用时，水溶剂（用水来稀释）按指定的稀释比例，颗粒剂要遵守使用量。

现在，如同淀粉或家庭洗涤剂那样的安全性农药也上市了。如果按照其上面的使用标准恰当地使用，农药绝不是危险的东西。

Q5 听说有天然成分的农药？都是些什么物质？

A 在日本，已被JAS法（日本农林标准）认定的农药，又按家庭菜园级别、便于使用的分量进行分装后在市面上出售了。防治蚜虫，使用以还原糖浆为主要成分的"饴糖粉"；防治叶螨，使用来自天然物（椰子油）有效成分制成的"阿利塞夫"；防治白粉病，使用被食品和医药品中广泛利用的碳酸氢钾制成的钾绿（由日本住友化学园艺及其他公司生产）等，都是有效的、近乎天然成分的、安全的农药。对于防治菜青虫、小菜蛾等鳞翅目幼虫，生物农药BT菌（Toaro-CT可湿性粉剂）是有效的（由日本OAT AGRIO及其他公司生产）。

Q6 喷洒农药时，适宜的天气及时间段是什么？

A 首先要避开大风天气，还要注意避开没有受害的叶片、施药者和其他各种蔬菜。通常从上风口位置向下风口位置喷药，这是基本点。

有效的喷施是喷雾形成的水滴在当天就完全蒸发。要选择在好天气的早晨或傍晚喷药，喷药后如果遇降雨，药剂有效成分流失，就失去意义。所以一定要在无降雨的天气喷药。在药剂中添加展着剂，使农药易于附着在叶片上，能够提高施药效果。

夏天要在气温低的早晨或傍晚喷药。太阳升高后，叶片中水分的蒸发量增加，若在这时喷药，

足量地细致喷雾

叶片会产生局部损伤，有的还会出现烧叶现象，这可能是蒸发导致药液浓度增高而带来的药害。

喷药时，不仅是叶片的正面，背面也要喷洒均匀，这一点非常重要。如果采用低农药的栽培技术，与其少量、多次喷洒，不如足量、细致地喷（呈雾状），其结果是既减少了喷药次数，又获得了好的收成。

关于栽培用的物资材料

Q1 在平时的栽培过程中，经常发生支杆倒地的情况，有什么好的办法吗？

A 番茄和黄瓜的植株在结果后变得很沉重，需要靠支杆牢固地插入土壤中来辅助。此外，还要防备台风袭来时的倒伏。支杆插入土壤中的深度以大约 30 厘米为标准。对于坚硬的土壤，先将空心管敲入土壤中，形成孔穴后再插入支杆。雨后土壤松软易于插杆。

合掌式支杆插法

支杆的搭立，除直立型插法之外，推荐采用支杆上端交叉、倒 V 字形的合掌式插法，上端再用横着的支杆穿插固定，让所有支杆成为一体，既有辅助加固的作用，又像立桩一样稳固。

Q2 支杆的粗度与长度按什么标准选择比较好呢？

A 钢制的支杆，从作为辅助支撑的 70~80 厘米，到用于茄子、青椒的 150 厘米，再到用于番茄、黄瓜的 210~240 厘米，有各种各样的长度和粗度可供选择。选择支杆时，长度上要考虑所栽培的蔬菜生长后所达到的株高和管理的便利性，粗度上因为是给植株以必要的支撑，所以选择粗一点比较保险。如果是辅助性的支撑，选择细一点也可以，但对于果实重的黄瓜、番茄来说，选择直径为 16~20 毫米的比较好。

Q3 钢制的支杆，分为有凸起的和没有凸起的两类，有什么不同吗？

A 有凸起的类型，是引缚茎蔓时用来固定绳子的。像竹子的竹节那样，在节的位置系绳子可以防止绳索滑落。

顺便说一句，还要确认一下支杆插入土壤的方向。比较一下支杆的两端，一端尖锐另一端圆滑，插入土壤中的是尖锐的一端。

Q4 请教一下覆盖材料有哪些种类，功效是什么？

A 在土壤的表面或植株的基部铺设稻草或薄膜称为覆盖或保护性覆盖。这类物资材料有稻草、杂草、塑料薄膜等，详见表7。

塑料薄膜又根据颜色、幅面宽窄、有无孔洞等分为不同的类型。覆盖薄膜有提高地温、保持土壤水分（防止干燥）、抑制因雨水造成的土壤水分失调、防除杂草等优点。

表7　主要的覆盖材料

主要的覆盖物质	优点
稻草、杂草	防止杂草生长、保持土壤水分，用后直接还田
黑色薄膜	防止杂草生长、保持土壤水分
透明薄膜	提升地温、保持土壤水分，倾向于冬天使用
带银色条纹的薄膜	对嫌光性的蚜虫有驱避效果，保持土壤水分

Q5 土壤中好像混有薄膜，这是什么东西？

A 塑料薄膜因其轻、易于使用且价格合适而为家庭菜园、专业菜农广泛使用，但使用之后的残留废弃物成为垃圾，这是其缺点。

近年来，纸质薄膜、可降解薄膜纷纷上市。但是，纸质薄膜沉重、易破，扩展伸张性又差，所以不常使用。可降解薄膜是以淀粉为主要原料制成的薄膜，经3~6个月，在光、水和细菌的作用下分解，锄耕后还原回土壤中。将其作为环保型蔬菜栽培措施也是很好的，但价格通常是普通薄膜的3~4倍。

Q6 防寒材料都有哪些？

A 正确地使用防寒材料，能将采收期延长到霜降之后。主要的防寒材料有塑料薄膜、不织布、寒冷纱、塑料薄膜拱棚（有带孔穴的和无孔穴的）、覆盖用稻草或杂草（锄草或割下来的草）。它们单独或组合使用，可以防寒。材料的组合方法和防寒程度归纳于表8。

表8 覆盖材料的组合方式及防寒度

防寒度 （防寒度越大越保暖）	材料的组合方式
大	塑料薄膜＋不织布＋塑料薄膜拱棚（无孔穴） 塑料薄膜＋塑料薄膜拱棚（无孔穴） 塑料薄膜拱棚（无孔穴）
中	塑料薄膜＋不织布＋塑料薄膜拱棚（有孔穴） 塑料薄膜＋塑料薄膜拱棚（有孔穴） 塑料薄膜拱棚（有孔穴）
小 （全年内的防霜程度，难以越冬）	塑料薄膜＋不织布或寒冷纱拱棚 不织布或寒冷纱拱棚 不织布
轻	塑料薄膜 覆盖稻草或剪割下来的杂草

关于箱式栽培

Q1 可以采用箱式栽培的蔬菜有哪些？

A 首选栽培作业简单的蔬菜，如菠菜、小松菜、水菜、小萝卜等叶菜或小型蔬菜。箱式栽培因不受场地限制，栽培期又短，可近距离体验从播种到采收全过程的快乐。另外，种植三叶芹、香芹、小葱等香料类蔬菜，可随时按需采收，是很方便的。

种植叶菜类，选择普通的栽培箱（长约65厘米的长方形箱）就可以了。如果选择大的栽培箱，番茄或黄瓜等果菜类、萝卜或马铃薯等根菜类也能种植。扎根深的果菜类，请选择深度达30厘米以上的大型栽培箱，根菜类请选择大型栽培箱或选用麻袋、尼龙袋等，因不能像在大田栽培那样长得高大，所以要选择小型品种。

箱式栽培中由于土的容量受到限制，伴随着蔬菜的生长和土壤的压实，需要增添土壤。关于增添土壤，可参见第83页的Q11。

Q2 在光照条件不好的阳台上，有可以栽培的蔬菜吗？

A 有。最好是通风、光照条件良好的环境，但也有在半阴（大约有半天的光照）、全阴条件下栽培的蔬菜。以日本原产的蔬菜三叶芹、蜂斗菜为代表，趋阴的倾向十分明显。箱式栽培的优点是栽培箱可以移动，可以依据季节和时间段，按照栽培需要来移动。

对光照条件需求不同的蔬菜，请参照表9。

表 9　对光照条件需求不同的蔬菜

光照条件	主要的蔬菜
喜好光照	番茄、茄子、青椒、黄瓜、芸豆、迷你胡萝卜等
喜好光照，但在半阴条件下也能栽培	菠菜、小松菜、茼蒿、香芹、叶用莴苣等
在全阴条件也能栽培	三叶芹、芹菜、蜂斗菜、茗荷等

Q3 时常忘记浇水，蔬菜枯萎怎么办？

A 采用箱式栽培，浇水是重要的作业环节。由于箱式栽培时土壤的容量有限，因此与大田栽培相比更容易干旱。

当土壤表面干燥时，就要进行浇水。浇水要浇透，要达到水从箱底流出这一程度，并且全部植株都均匀给水。让它萎蔫、枯死就太不应该了，还是每天观察、守候，辛勤地浇水吧。

Q4 旧土属于不可燃性垃圾还是可燃性垃圾？

A 因地域的不同而有所差异，请遵循各自垃圾处理管辖区域制定的标准。但是，与其把旧土作为垃圾扔弃，不如进行再生循环利用。

种植的蔬菜采收后，箱体内部已是盘根错节，特别是箱体底部，根会两层、三层地卷曲、缠绕在一起。

在旧土中加入有机肥料，在微生物作用下细根分解、土壤再生。请按下面的顺序进行再生循环：① 将旧土去除大块根、叶，摊平、晾晒成干土。② 将米糠、榨油后的油渣等含氮元素的有机肥料，按旧土质量 5%~10% 的比例渗入土中，混合均匀后加水，达到手握成团的程度。③ 装入塑料袋中，放置在向阳的位置 1~2 个月。这期间，以氮素为营养成分的微生物不断增殖，使土壤再生。④ 向再生后的土壤中添加大约 1/2 的新土，再加入必要的肥料，充分混合后就可以再利用。

Q5 箱式栽培用土如何配制?

A 从市面上购买蔬菜栽培用的营养土，可直接来使用，这是最容易的方法。但是，自己配制蔬菜栽培所需的营养土，也是很有乐趣的事情。蔬菜适用的营养土配方请参见表 10。配好的营养土在使用前要放置 1 个月以上，使其充分混合、腐熟，这一点很重要。关于市售的营养土，请参见第 168 页的 Q12。

表 10 蔬菜适用的营养土配方

	赤玉土	腐叶土	堆肥	蛭石	其他
所有蔬菜都能用的土壤	4	1	4	1	—
叶菜类	5	2	2	1	—
果菜类	4	4	1	1	—
直根类	5	—	—	3	砂 2
薯类	4	2	3	1	—
播种、育苗用土	5	3	—	2	—

F1 代品种（杂交一代） 同一品系的具有不同遗传性的双亲进行杂交而产生的第一代杂交种。其继承了双亲的优点，并且具有生长旺盛、长势均衡的特点。但是，将自家采收的 F1 代品种的种子再进行播种，就不能保持优良的品种性状，也不能获得稳定的收成（参见第 169 页）。

pH 表示溶液中氢离子浓度的数值，是表示酸性、碱性程度的单位。溶液 pH 为 7.0，呈中性；pH 大于 7.0，呈碱性；pH 小于 7.0，呈酸性。蔬菜栽培适宜的是微酸性土壤。

pH 调整 见"酸度调整"。

伴生植物 在花草、蔬菜周边种植的、可以起到减轻病虫害等作用的植物，是植物共荣的搭配与组合（参见第 181 页）。

保水 见"保水性"。

保水性 土壤具有的保持水分的能力。

避雨栽培 指不让雨水淋到蔬菜上的栽培方法。例如，番茄若被雨淋湿，感染病害的概率就会升高，而且容易产生裂果。如果采用拱棚栽培，在棚架上覆盖塑料薄膜，不仅可以防雨，还因吸水量少而甜度提高，从而获得好吃的果实。即便是夏天生长的菠菜、甜瓜等，如果采用避雨栽培，可揭开拱棚下半部分的薄膜，有利于生长发育，这已被证实。

不织布 纤维不经过织、编，像纸纤维一样相互缠绕、黏结在一起的布状材料，也叫无纺布。不织布对光、空气、水都有良好的通透性，把它和寒冷纱一起使用，功能会提升。因其轻薄，适合用作覆盖物。

采撷收获 将正在生长中的叶用莴苣和高菜等，一片一片地摘取叶片，这种采收方式叫采撷收获。因不拔掉植株，是少量、多次、长时期的采收方式，所以也叫摘叶采收。

侧芽 茎上生长着叶片，叶柄与茎的连接部位叫叶腋，从叶腋长出的芽叫侧芽，侧芽生长成为侧枝。

产量 采收量。

长日照植物 日照长度达到某一临界值时，才能开花，具有这种特性的植物叫长日照植物,如萝卜、菠菜等在春末夏初开花,这样的蔬菜还有很多。相反,在日照时间较短的条件下才能开花的植物叫短日照植物,如大豆、食用菊等。

成活 指移栽后的苗生根存活下来。

抽薹 伴随着花芽的分化,花茎(着生花的茎)迅速伸长,植株变高,这一现象称为抽薹。十字花科蔬菜、胡萝卜、菠菜等都会抽薹,油菜、红菜薹等是将抽薹后的细嫩花茎作为蔬菜来食用的。抽薹晚的品种称为晚抽薹性品种。

初始果 番茄、茄子等果菜类最初结的果。

初始花 番茄、茄子等果菜类最初开的花。

初霜 初冬时节的第一次降霜称为初霜。初霜是蔬菜栽培过程中的一个时间点。在日本东京近郊,大多11月下旬就迎来了初霜。红薯、芋头在初霜前采收是很重要的(参见第175页)。

雌花 见"雌雄异花植物"。

雌雄异花植物 同一植株上既有产生花粉的雄花,又有能结果的雌花,两种花分别开放,这样的植物称为雌雄异花植物。西瓜、甜瓜、黄瓜、南瓜等葫芦科蔬菜都属于雌雄异花植物。

催芽播种 为提高种子的发芽率和发芽整齐度而采取的措施叫催芽。催芽的主要方式是将种子浸泡一昼夜,然后放在冷暗的场所静置,以促进发芽。高温时期种植菠菜、莴苣等,常采用这种方式(参见第170页)。

单粒结构 土由大小不一的、各种各样的颗粒组成,这些颗粒之间呈松散状态,这样的土壤结构称为单粒结构。黏质土壤保水性良好而排水性差,砂质土壤排水性良好而保水性差(参见第164页)。

单性结实 不经过授粉、受精作用,而形成没有种子的果实,叫单性结实。单性结实的果实一般长不大。黄瓜中有单性结实的品种,但其他的葫芦科蔬菜,不经过授粉,是不能结果的。

单质肥料 仅由肥料三要素中的一种成分构成的肥料叫单质肥料。通常,将三要素组配、混合来使用,但有时也大量掺入特定养分来加以利用。

氮素(N) 肥料的三要素之一,也称为叶肥,是植物叶、茎等器官生长发育所必需的营养元素。对叶菜类蔬菜十分重要。

倒伏　直立的茎、叶或蔓倒下称为倒伏。倒伏有时会使茎叶折断或受伤，从而给植物生长带来不良影响。为防止倒伏，可以竖立支架，用绳子捆绑来固定。

地力　土壤所具有的培育植物的能力，即土地的生产力。

地面覆盖　给土壤表面覆盖上稻草或塑料薄膜，起到保温和防止土壤干燥的作用。

地面覆盖物质　将塑料薄膜等物质覆盖在田垄地表，以帮助蔬菜生长，这类物质材料就称为地面覆盖物质（参见第 184 页）。

点播　在畦、垄上，每隔一定的距离（如萝卜隔 30 厘米）挖穴，点入几粒种子，这种播种方法叫点播。常用于萝卜、白菜、玉米等蔬菜的播种。

定植　将在苗床上或营养钵内播种、培育好的苗，移栽到大田里正式种植。

冬耕　在1~2月的严寒期，用铁锹等工具将土壤翻耕，让土块暴露在寒风中冻晒，这一农事操作就叫冬耕。冬耕一方面可以杀死土壤中的害虫及病原菌，另一方面由于土壤表面反复地结冻和解冻，土壤变得疏松，有改善土质的作用（参见第167页）。

堆肥　将稻草、落叶、家畜粪肥等层叠堆积起来，经过发酵、腐熟后形成的有机肥料。常作为基肥和土壤改良材料来使用。

堆肥　将油粕、骨粉、鸡粪等有机质与土壤、腐叶土等按比例混合，在微生物的作用下完全发酵而形成的肥料称为堆肥。

发芽处理　见"催芽"。

分蘖　从靠近根的茎节上长出的新枝，叫分蘖，也指分枝后的茎。如已知的京菜和壬生菜有旺盛的分蘖能力。

分株繁殖　是芦笋、姜等宿根性蔬菜常用的繁殖方法之一。挖出地下茎，按照每个茎块上都长有芽这一特点来进行分割，分割后的部分栽种后能再长出苗，这种繁殖方式叫分株繁殖。

腐叶土　将阔叶树木的落叶堆集腐熟后形成的土称为腐叶土。其透气性、保水性优良。

复合肥料　在氮、磷、钾肥料三要素中，至少包含两种以上成分的复合化学肥料，叫复合肥料（参见第 177 页）。

覆盖栽培　在寒冷期，将不织布直接加盖在植物的上面进行栽培，该方法有保温、防霜等多种效果。

覆土 指播种后盖上一层土壤。

改良土壤 在大田种植蔬菜前，将石灰土、堆肥和化肥等按一定比例与土壤混合，制成适合栽培的土壤，这一工作叫作改良土壤或土壤改良。也指箱式栽培营养土的配制。

高垄 见"起垄"。

割草 将田地四周及田埂上的杂草割除，干燥后铺垫在蔬菜植株的基部，起到与铺垫稻草一样的作用，也可以作为堆肥的原料。将割下的杂草加以利用也称为垫草。

根钵 从营养钵里移出菜苗时，由于根盘绕在苗土中，苗土保持着营养钵的形状，称为根钵。在进行移栽、定植时，尽量不要让钵土崩溃，以减轻移栽损伤，这是关键。

根菜类 薯类、胡萝卜、萝卜等，主要是采收膨大的地下部分来食用的，这类蔬菜称为根菜类。

拱棚栽培 在田畦的上方，使用建造拱棚的专用材料当支架，蒙上寒冷纱或塑料薄膜，形成拱形隧道状的棚子，称作拱棚。在其中种植蔬菜，有保温、防寒、防虫作用。

固定品种（纯种） 将具备某一特性的所有个体集中采种后，再作为种子播种，其与亲本具有相同的性状，这样的品种叫固定品种。固定品种与 F1 代品种相反，可以自家留种用于播种；而用 F1 代品种的种子播种，则表现出与亲本不同的性状，也不整齐均一。

果菜类 番茄、茄子、黄瓜等，以果实为采收对象的蔬菜称为果菜类，多为茄科、葫芦科、豆科类蔬菜。

果皮 果实的表皮部分。

寒冷纱 以防虫、防寒、防霜、避日晒为目的，给植物加盖的有细孔的网状布，有白色和黑色两种。

行距 在栽种蔬菜的田畦（田垄）上进行条播，行与行之间的距离称为行距。小松菜、京菜等用来制作腌渍菜的蔬菜，按20~30厘米的行距是适当的。

花茎 为开花而快速生长出来的茎。

花蕾 花的蕾，花椰菜等食用的部分就是花蕾。

花序 番茄等，一根花茎长着多朵花，这些花的集合就称为花序。类似的还有草莓。

花芽分化 由于日照时间及气温等因素的变化，植物体内使花开放的"机关"启动、运转，这称为花芽分化。花芽分化开始后，养分主要用于开花和结实，叶和根的生长发育变差。

基肥 播种或移栽之前施用的肥料，有全面施肥和条施两种施肥方法。

钾（K） 钾是植物所必需的肥料三要素之一。钾能促进植物根系发达，还起到增强植物耐热、耐寒、抗病性的作用。也称为根肥，对根菜类蔬菜起重要作用。

嫁接苗 把想要栽培植物的茎（接穗）与抗病虫害、抗低温能力强的植物（砧木）接合在一起形成的苗叫嫁接苗。茄科及葫芦科的蔬菜多采用嫁接苗（参见第174页）。

间苗 从发芽的菜苗中，将发育不良及受病虫为害的植株拔去，这一操作叫间苗。通过间苗，使植株之间保持适当的距离，以利用生长发育。

接穗 见"砧木"。

节 叶片着生在茎上的位置叫节。

节间 节与节之间的茎叫节间。

结球 指叶片重叠、紧紧地包合在一起而呈球状。结球是由于外层叶片作用而引起的，因此在结球之前要尽可能地培育外叶大的植株，这是至关重要的。甘蓝、白菜、包心生菜等统称为结球蔬菜。

茎叶 茎和叶。

糠心 指根菜类等根的内部出现的空洞、松软现象。常常因为采收过迟而产生。

抗病品种 蔬菜具有的抵抗某种病害的能力，经过品种改良后得以加强和稳定，这样的品种叫抗病品种。目前已知的有菠菜抗霜霉病品种，十字花科蔬菜抗根腐病品种、抗黄萎病品种等（参见第107页）。

块茎 地下茎顶端膨大而形成的块状茎称为块茎，有存储淀粉的作用。马铃薯可食用部分就是块茎。

连作障碍 在同一田块上，连续种植同一种蔬菜，或连续种植同科的蔬菜，都称为连作。如果持续连作，蔬菜特有的传染性病虫害积累并发生严重，土壤养分缺乏，从而使蔬菜的生长发育受到阻碍，这就称为连作障碍。防止连作障碍的方法，可参见第 169 页。

裂果 指果实开裂。根菜类蔬菜指根裂。

临时移植 定植之前，将苗移栽到临时场所暂时种植一段时间。

磷（P） 肥料三要素之一，是关系到果菜类蔬菜开花、结果的重要元素。此外，还有强化植株的组织结构、使花色变得艳丽的效果。

垄 为了播种或移栽蔬菜苗，把田地里的土壤向上堆集形成细长的、直线型土垄（参见第170页）。

垄幅 垄背的宽度。

垄间距 在垄上栽植的苗（或播种的种子）与隔着垄沟的邻近垄上苗之间的距离。

绿肥植物 以恢复地力为目的来栽种的植物称为绿肥植物。经过一定时期的培育后，将其翻耕到土壤中，或切碎后混入土壤中，以此来增肥地力。

露地栽培 指直接承受雨露、在普通田地里栽培植物。

轮作 为了抑制某种蔬菜发生连作障碍，在连续种植几年之后，改种其他植物，称为轮作。或指不同类型的植物间进行组配形成的种植体系。

密植 指植株与植株间隔过窄，彼此的叶片互相接触。密植会导致通风不良，病虫害容易侵袭。

苗床 移栽（定植）前，用于育苗的临时场所。

抹芽 为了有利于茎和枝的生长，将不要的芽摘除称为抹芽。

嫩白栽培 采用培土等方法，让将来采收的蔬菜的一些部位（叶片、茎）照不到阳光而变成白色并且幼嫩，这种栽培方式叫嫩白栽培。长葱、西芹、三叶芹等常采用嫩白栽培法。

嫩叶菜 主要是指叶菜类蔬菜在株高10~15厘米时进行采收，是可多次生长，多次采收的嫩叶菜。因采用反复采收的栽培方法，所以一定是栽培期短、操作简单的蔬菜。常选择花园莴苣、莙荙菜及十字花科蔬菜来栽种。

泥炭苔土 苔藓类植物死亡、腐化后形成的有机质土壤称为泥炭苔土，具有优良的保水性。

黏土质土壤 取土块用手指来相互摩擦，没有粗糙的感觉而有黏性的感觉，这样的土为黏土质土壤。黏土质土壤有良好的保水性，但排水性、透气性较差。

农业防治 病虫害的防治方法之一。通过选择栽培时期、扩大株距从而改善通风透光条件，以及除草、调整施肥量等栽培技术措施来防治病虫害的方法叫农业防治。

排水 浇水时水渗透到土壤里的程度。

胚轴 在种子中，胚轴与双子叶、胚根、胚芽共同构成胚，也有的指种子发芽后双子叶与根之间的部分。

培土 使用铁锹等工具，将行间的土壤向植株的根部堆积，这一操作叫培土。培土能防止植株倒伏，抑制杂草丛生；培土加高了土垄，还有利于排水。

膨大 指番茄、茄子等果实长大，以及萝卜、芜菁等地下根的长粗。

平畦 见"垄"。

铺稻草 把稻草铺在田地的表面，有保湿、防旱、防杂草的作用。

起垄 用铁锹等工具，将田地里的土壤堆集形成土垄，这一操作过程，就叫起垄。排水条件好的地块，起高度为5~10厘米的平垄；排水条件不好的地块，起20~30厘米的高垄。

扦插 剪取枝、茎、叶的一部分，使其生根、发芽，进而长成新的植株。扦插是植物繁殖的方法之一。

亲蔓（主蔓） 黄瓜、豌豆等缠绕型蔓生植物，从 2 片子叶间的生长点长出来的茎叫亲蔓（主蔓）。从亲蔓上再长出来的茎叫子蔓，由子蔓上再长出来的茎叫孙蔓。

全面施肥 给田畦或大田全面地撒施基肥，然后深耕细耙，这种施肥方法称为全面施肥。萝卜、胡萝卜等直根类和小松菜等栽培期短的蔬菜多采用全面施肥法（参见第177页）。

缺乏症 见"生理障碍"。

热帽 在低温期移栽西瓜、甜瓜等瓜苗时，给整个瓜苗罩上的帽状保温材料。

人工授粉 将雄蕊的花粉人工涂抹在雌蕊的柱头上，称为人工授粉。甜瓜、西瓜、南瓜等多采用人工授粉。

日光消毒 利用夏天强烈的日晒给土壤消毒，这种消毒法叫日光消毒。其通过高温来杀灭病原菌和害虫虫卵（参见第 168 页）。

撒播　把种子均匀地撒在整个田地里，这种播种方法叫撒播（参见第 169 页）。

砂质（土壤）　含砂粒量在 80% 以上、颗粒大而粗的土壤。砂质土壤没有保水性。

上盆　指向花盆中移栽植物。蔬菜栽培中，为了让不耐寒的宿根性蔬菜安全越冬，从大田中挖出植株移栽到花盆里，这称为上盆。

生长点　细胞分裂旺盛且将要长出新的叶片、茎、根的部分就是生长点，一般位于茎和根的尖端。

生理障碍　由病虫害之外的原因造成的植物生长发育障碍称为生理障碍。多由土壤养分或肥料的不足与过量、环境的主要因素等引起。

生物防治　害虫的防治方法之一。利用蚜虫的天敌七星瓢虫等来防除蚜虫，利用 BT 菌等微生物制剂来防除害虫等都属于生物防治（参见第 179 页）。

石灰　对酸性土壤起中和作用的土壤改良材料。

石灰土（含镁、钙）　施于酸性土壤中，起中和作用的石灰质肥料，其中含有对光合作用起重要作用的镁元素（苦土），所以也称为"苦土石灰"。

适期　在从事播种、移栽、间苗、采收等栽培蔬菜不可欠缺的工作时，每项工作最适当的时期称为适期。

收成　指农作物或蔬菜的生长发育、采收量等情况。水稻，以平常年度的产量为基准，按产量指数 100 来表示。

授粉　见"受精"。

受精　花粉附着在雌蕊的柱头上，称为授粉；授粉后的花粉经过伸长的花粉管到达胚囊，与卵细胞相融合，这个过程称为受精。

疏果　甜瓜、西瓜等果菜类蔬菜，预先决定每棵植株上的结果数量，将多于此数的果实趁小摘除，这项工作就叫疏果。通过疏果，可以提高果实的齐整度。

双根　萝卜、胡萝卜等直根类蔬菜的地下根不笔直地生长而出现分叉，便形成双根。

双子叶　双子叶植物的种子播种后，最先长出来的叶片叫双子叶。

水溶性磷肥　以磷为主要营养元素的可溶性磷肥，是单肥。常在果菜类及草莓上使用。

酸度调整 土壤呈酸性，会对植物的生长发育产生不良影响。将有中和作用的石灰土与堆肥一起散布于土壤中，起到矫正土壤酸度的作用，这就称为酸度调整。

孙蔓 见"亲蔓"。

条播 开挖直线型的浅沟，将种子均匀地、排成 1 列地播种在浅沟中，这种播种方式叫条播。叶菜类、胡萝卜、芜菁等蔬菜采用这种播种方式（参见第 169 页）。

条作施肥 指在垄间或行间挖沟施肥的方法。经常应用于生长期长、扎根深的蔬菜（参见第177页）。

透气性 空气流通的性质。要使植物的根和叶能正常呼吸，创造透气性良好的栽培环境是很重要的。

徒长 叶、蔓或茎的生长过于旺盛，而果实或地下根（茎）等生长不良的现象称为徒长。多因氮肥过剩引起。

团粒结构 多个单粒结构的颗粒相互集合在一起，形成大小不一的团粒，这种由多个团粒聚合而成的土壤结构称为团粒结构。团粒结构的土壤，其排水性、透气性良好，并且保水性、保肥性也很好，是种植蔬菜最适宜的土壤（参见第164页）。

外叶 指的是包心莴苣等结球类叶菜的外层叶片，其叶边缘向外平展。

晚抽性 见"抽薹"。

晚霜 指晚春时节降下的霜。在日本东京近郊，有时 4 月下旬~5 月上旬还降下晚霜，对蔬菜的生长发育带来很大影响。果菜类的移栽一定要在晚霜结束后进行（参见第 175 页）。

微量元素 在蔬菜的生长发育过程中，需要从土壤中吸收十几种元素。其中大量需求的元素称为大量元素，有氮（N）、磷（P）、钾（K）、钙（Ca）、镁（Mg）、硫（S）。与此相对应的，只需少量就能满足其需求的元素称为微量元素，主要有铁（Fe）、锰（Mn）、铜（Cu）、锌（Zn）、钼（Mn）、硅（Si）等。

无机肥料（化肥） 以矿物等为原料，通过化学方法来合成的肥料（参见第 177 页）。

物理防治 指在害虫防治对策中，利用寒冷纱、地面覆盖物等栽培用资料来防除害虫的方法。在覆盖着寒冷纱的拱棚中，可以防止害虫入侵，实现无农药栽培（参见第 179 页）。

稀释 在液体肥料或农药等的原液中加入水，使其浓度变小的操作叫稀释。

喜光性种子（光敏感种子） 种子在有光照的环境中容易发芽，具有这一性质的种子称为喜光性种子。喜光性种子的播种，覆土厚度以刚刚盖住种子、种子若隐若现为宜。莴苣、西芹、茼蒿等为喜光性种子（参见第 171 页）。

下叶 指枝或茎基部的叶片，或靠近根的底部叶片。

嫌光性种子（需暗性种子） 种子在没有光照的环境中容易发芽，具有这一性质的种子称为嫌光性种子。嫌光性种子播种时，覆土厚度为种子直径的 3 倍，这是基本的要求（参见第 171 页）。

雄花 参见"雌雄异花植物"。

叶柄 是叶片与茎连接的柄状部分。芋头的叶柄可加工成芋梗来食用，蜂斗菜也是采食叶柄的蔬菜。

叶菜类 茎、叶或花可食用的蔬菜，统称为叶菜类。甘蓝、白菜、葱、莴苣都属于叶菜类。

叶脉 指叶片上分布着的细长的维管束，是叶片的骨架，也是运输养分和水分的通道。双子叶植物的叶脉呈网目状（网状脉），单子叶植物的叶脉是平行脉。

叶鞘 包在茎的基部，卷成剑鞘状的部分是叶鞘，常食用的大葱的白色部分就是叶鞘。常见于禾本科和百合科的蔬菜。

移栽 在播种箱内播种，将发芽后的蔬菜苗移植到营养钵内，在营养钵内长大的苗向大田移植，这都叫移栽。

移植伤害 在进行移栽、定植操作时，由于植株的根部受到伤害，植株生长发育受到阻碍，这一现象称为移植伤害。

异花授粉 利用自身之外的其他植株的花粉来完成授粉的称为异花授粉。其代表性植物有十字花科蔬菜及玉米等。利用自身植株的花粉来给自己的雌蕊授粉的称为自花授粉。

引缚（诱缚） 将植株的茎或枝用绳子固定在支杆或网状物上。黄瓜、豌豆等蔬菜在栽培过程中需要引缚。

营养钵育苗 在营养钵内播种的育苗方法。

营养土 广义上指栽培植物的土壤。种植蔬菜时，指在土壤中渗入必需的营养成分，并改善其排水性和透气性，使其成为适合箱式栽培等的土壤用土。营养土还在播种、扦插等育苗时使用。

有机肥料　以动植物为原料制成的肥料，有油粕、牛粪、骨粉、米糠等。其特点是肥效缓慢（缓释性）且持续时间长（参见第177页）。

育苗　指培育幼苗，在蔬菜栽培上有直播和移栽两种方式。直播是在大田中直接播种；移栽是在苗床或营养钵中播种，当苗培育到一定程度时再向大田移植。果菜类、甘蓝及大白菜等大型叶菜类，多采用育苗方式。

扎根性　根的生长及发育状态，即根的扩展情况。例如，扎根浅而广的黄瓜等常被称为浅根系植物。

杂交　也称为交配，是以遗传因子不同的植物为双亲而获取种子的方法。以品种改良为目的、有目的地培育杂交种子，就称为人工交配。

栽培方式　以采收为目的、根据栽培时期而建立的栽培体系。一般在品种的选择和栽培方法上下功夫、想办法。如促成栽培、露地栽培、春播秋收、冬天采收等各种各样的类型。

栽植　参见"定植"。

增土　根菜类蔬菜采用箱式栽培时，需要在生长过程中向栽培箱里添加土壤。

摘心　剪断、摘除茎顶端的芽叫摘心。摘心既能控制植株高度，又能促使侧芽生长。

长势　指茎叶生长的态势。

珍珠岩　将珍珠岩和黑曜石在1000℃的高温下烧制而成的排水性、透气性优良的人工用土。

真叶　子叶（双子叶）之后长出的叶片叫真叶，真叶具有该蔬菜特有的叶片形态。

砧木　嫁接时，用来当作基台（根的部分）的植物叫砧木。例如，黄瓜以南瓜作为砧木，茄子以红茄子等野生品种作为砧木。嫁接后，接口之上的植物称为接穗。

整理株型　在蔬菜栽培上，主要指的是整枝法。但是对于甜瓜、南瓜等蔓生性蔬菜，有把枝蔓绑缚在搭好的拱形支架上的"拱形法"，有绑缚在栅栏式支架上的"栅栏法"，也有的根据枝或蔓的数量，表示为"××根法"。

整枝　以提高产量为目的，通过修剪枝、蔓，将植株修整成一定的形状，这种操作就叫整枝。

支杆　为了给生长中的植物以支撑或防止倒伏而使用的棒状物。支杆根据蔬菜的特性和用途，有各种材质、长短和粗细（参见第 184 页）。

直播　直接把种子播种在大田中称为直播。

直根类　萝卜、芜菁、胡萝卜、牛蒡等，以采收地下生长的、笔直的根作为蔬菜来食用，这类蔬菜称为直根类。为了获得笔直的、肥大的根，一般采取直播方式。如果根在下扎、生长过程中遇到土块或肥块，或在间苗时受伤，有时会产生双根。

蛭石　将生蛭石在 1000℃ 的高温下烧制而成的透气性、保肥性优良的人工用土。

中耕　指浅耕行与行之间、株与株之间的土壤，使土壤表层变得松软，同时将杂草除去，有改善土壤透气性及透水性的效果。

种植　指在大田中植蔬菜。实际上，是在考虑了不同蔬菜种类之间搭配、生长发育顺序基础上的栽种。

周年栽培　指个体农户不管季节的变换，一年四季都能种植某种植物，或指一年四季都能持续不断地采收某种植物。

株高　花草、蔬菜等植物生长后所能达的高度。

株距　指蔬菜在最适宜的生长条件下，单位面积的采收量达到最高时的植株与植株间的距离。株距的大小因蔬菜种类的不同而不同。最适宜的株距：萝卜是 30~40 厘米，白菜是 40~45 厘米，小松菜等是 3~5 厘米。

主枝　指植物最先生长出来的中心枝。番茄，培育 1 根主枝的株型；茄子，培育 1 根主枝上分出 2 根分枝、每枝再分出 3 根分枝的株型。另外，与主枝相对应，侧芽生长发育形成的枝叫侧枝。

追肥　根据蔬菜的生长发育状况，在植株根部或田垄之间施用的肥料（参见第 178 页）。

着果　指受精后果实开始发育。

子蔓　见"亲蔓"。

自根苗　在茄子、黄瓜等蔬菜的栽培中，不用砧木，采用自己播种的品种直接培育出的蔬菜苗，叫自根苗。

自家采种　从自家栽种的蔬菜上采集种子，就叫自家采种。